この10年でいちばん重要な文房具はこれだ決定会議

ブング・ジャム＋古川 耕

スモール出版

本書は〝文具王〟高畑正幸・きだて たく・他故壁氏の3人からなる文房具トーク・ユニット「ブング・ジャム」と、文具ファンでもある放送作家の古川 耕が、日本の文房具史の中でも特に重要なこの10年間を振り返ります。いまやカルチャーにまで発展した現在の文房具ブームが、どのように始まり広がっていったのかを語り、最終的に「この10年でいちばん重要な文房具は何か」を決定しようという講義の記録です。

2017年6月11日の日曜日。東京・新宿にある「芸能花伝舎」にて、午後2時から開催。30名という少数限定のチケットが一瞬でソールドアウトするほど、熱量高めなトークイベントの内容を、書籍用に再編集してお送りします。

「ブーム」から「カルチャー」になりつつある文房具

（お客さんの拍手）

古川　耕（以下、古川）　それではまず本日の進行担当の私から、イベントの趣旨説明をさせていただきます。今回のタイトルは「文房具エンターテインメント宣言！～この10年でいちばん重要な文房具はこれだ決定会議～」となっていますが……。

きだて　たく（以下、きだて）　タイトルが長いっ！

古　川　確かに長いんですが、それには理由があります。文房具は、この10年間でとても多くのメディアに登場するようになりました。皆さんもテレビやラジオ、雑誌などで取り上げられているものをたくさんご覧になっていると思いますが、そんな流れがかれこれ数年以上の長いスパンで続いていまして、これはもう「ブーム」と呼んでも差し支えないでしょう。また同時に、ブームの域を超えて、ひとつの「カルチャー」と言えるものになりつつあるのではないか、と僕は考えています。文房具はただの道具・消耗品ではありますが、ここ数年それだけでは飽き足らない人たち……つまり文房具を必要以上に愛でて収集したり、使い方を深く考察したり、今日のようなイベントを行って語り合う人たちのコミュニティができています。さらに、そのコミュニティからの反応がメーカーにフィードバックされ、また新たな製品づくりに反映される……というようなサイクルのことを、この場ではひとまず「カルチャー」と呼ばせてもらいたい。であるならば、今の文房具ブーム、のちにカルチャーになっていく動きというものはどのように始まり、この10年間でどのように広がっていったのか。今日は10年というスパンで区切った上で、皆さんと話していきたいと思っています。

僕は、日本の文房具ブームをけん引し続けた存在のひとつは間違いなくブング・ジャムだと考えていますので、彼らにこの10年間の文房具というものを振り返っていただき、そしてその話の中で「この10年でいちばん重要な文房具は何か」ということも、最終的に決定できればと考えています。

きだて　その10年間を3時間にぎゅっと凝縮して語らなきゃいけないということなので、まず事前に大まかな年表をつくりまして、ご来場の皆さんにお配りしております。

（※本書巻頭の「文房具年表」を参照）

高畑正幸（以下、文具王）　これ、ものすごくいい資料だと思いますよ。

他故壁氏（以下、他故）　素晴らしいです。

きだて　ここには文房具の名前がずらっと並んでいますが、これらはおよそ10年という期間の中で、代表的といいますか、我々が気になった文房具をリストにしたものです。

古　川　ということで、この年表をもとに、そろそろ本編を始めましょう！

もくじ

第1章

カドケシ紀

2003~2005年

〈この期間の主な出来事＆主な文房具商品名〉

2003

日経平均株価がバブル崩壊後の最安値7,603.76円を記録。この時点が景気の底とされる／サダム・フセイン大統領が米軍により拘束される／ギャル文字流行／ハロプロ人気

カドケシ（コクヨ）／フィードホワイトライン（パイロット）／サラサクリップ（ゼブラ）／エナージェル（ぺんてる）

2004

営団地下鉄が民営化され、東京メトロになる／アテネオリンピック開催／50年ぶりに日本プロ野球新規参入球団、東北楽天ゴールデンイーグルス誕生／EXILE人気／冬ソナブーム

ハイテックC 0.25mm（パイロット）／プロパス・イレイサブル（三菱鉛筆）

2005

平成の大合併がピークに／AKB48「会いに行けるアイドル」をコンセプトにデビュー／日本の人口が戦後初めて減少／若年層のテレビ離れが顕在化しはじめCM収入の減少

ドットライナー（コクヨ）／ニーモシネ（マルマン）／ハイテックCコレト（パイロット）／取扱説明書ファイル（キングジム）

文房具の可能性を広げたカドケシ

きだて　それでは年表を見てみましょう。実は「この10年」と言いつつも、もうちょっとだけ遡らせてもらいまして、年表は2003年から始まっています。じゃあこの2003年に何があったのかといいますと、コクヨ・**カドケシ**の発売です。実はこの**カドケシ**の出現こそが、文房具のブーム化／カルチャー化のきっかけとなったのではないか、と我々は考えています。ということで、2003年から2005年までの時代を「カドケシ紀」と名付けてみました。

古　川　「カドケシ紀」を今の文房具ブームの原点と位置付けることは、以前からブング・ジャムの皆さんがおっしゃっていたことですよね。

きだて　はい。まず、この**カドケシ**が日本経済新聞と朝日新聞の一面で紹介されたということがあります。新聞の、しかもメジャー紙の一面で文房具が取り上げられるなんてことはこれま

カドケシ　「消しゴムのカドで消したい」という欲求を具象化したコクヨの消しゴム。小さな立方体が寄り集まった特殊な形状によりカドが28個もあるため、どこでこすってもカドで消せる。コクヨデザインアワード受賞作品を製品化したもの。

でになかったので、社会的にも「文房具ごときを新聞の一面で記事にしていいんだ!?」という驚きがありました。

文具王 それ以前にも、文房具は日々新しいものが発売されていたんですけど、**カドケシ**が出たときにみんなが感じた「その手があったか感」というのは、ものすごく大きかったでしょう。

きだて 「消しゴムは直方体じゃなくてもいいんだ!」というね。

文具王 これまでにも怪獣やウルトラマン、スーパーカーなど、いろいろな形の消しゴムが山ほどつくられてきましたけど、そういう形だけじゃなくて、僕たちが潜在的に抱えていた「もっと消しゴムのカドで消したい」という思いを、機能としてあの形に昇華させたところにみんなが驚いたんですよね。

僕は当時、文具メーカーにいたんですが、社長が震える手で「こんなものが売られている」と**カドケシ**を持ってきて、「おまえも何か考えろ〜!」という、ものすごい無茶振りをしてきたのをいまだに覚えています。

きだて この文具王の話とほぼ同じやりとりが、同時期にあちこちのメーカーで繰り広げられていたんですよ。

文具王 結果としてこの直後、消しゴム界にはカンブリアモンスターみたいな消しゴムが爆発的に大発生することになるんです。サンスター文具やパイロット、クツワなど多くのメーカーが追随して、それぞれいろんなタイプの「カドで消す」(*1)

アイデアを消しゴムに盛り込んできた。

もちろんそれまでにも変な形の消しゴムはあったし、文房具としてすでに成熟している感じさえあったにもかかわらず、突如として新しい進化の可能性を開いたのが、この**カドケシ**だったような気がします。要は機能を追加すること、ちょっとだけデザインを加えていくことなんですけれども。

他故 従来、消えるか消えないか、というだけだった消しゴムに、「機能で選ぶ」というまったく新しい選択肢が加わったわけで。

文具王 つくる側としても「まだいける」という、開発の余地があることを実感しました。このあと、ノートや筆記具でもどんどん革命が起こるんですが、そのいちばん最初の狼煙(のろし)が上がった感じがすごかった。

きだて それまでは消しゴムの仕事って「消すこと」がすべてだったじゃないですか。でも**カドケシ**以降は、消すという仕事の中の、もっと細分化されたところに「カドで消すこと」が生まれた。形状から新しい機能がデザインできるようになったわけです。そういう意味で、文房具の可能性自体を**カドケシ**は随分と広げたということはありますね。ごく近いパラレルワールドの中には、**カドケシ**が発売されていない世界もきっとあるはずだけど、その世界では文房具の総アイテム数が僕らの世界線の10分の1ぐらいかもしれませんよ。

文具王 この最初の発見がなければ、他の広がりも小さかったでしょうね。

【注】

***1……いろんなタイプの「カドで消す」** 直方体の消しゴムに細い棒状の消しゴムを内蔵(サンスター文具)、細い消しゴムが3つ連なった3枚刃構造(クツワ)、いかだ状に連なった6角柱の消しゴムで、カドが丸まってきたら連結部から折り取って新しいカドを出す(パイロット)など。

きだて　文房具の新規開発そのものが終息していたかもしれないというぐらいに、すごいことだと思っているんです。まぁちょっと大げさに言いましたけど。

文具王　ちなみに2003年は、日経平均株価がバブル崩壊後の最安値の年でもあります。ものすごく景気が悪くなってきて高いものが買えなくなっていく時期に、手頃な価格帯の文房具に面白いものが出てきた。このタイミングは**カドケシ**に追い風だった気もします。

きだて　こんな感じで**カドケシ**以降の2003年から2005年にかけて、文房具に注目が集まっていった時期なんですが、他にも何か気になったものはありましたか？

文具王　今、大人気の**サラサクリップ**(*2)と**エナージェル**(*3)は、この年にできているんですよ。

古　川　これは結構びっくりですよね。もっと最近の印象がありますけど。

文具王　あと2005年には**ニーモシネ**(*4)もあるし、今、僕らにとってはすごくなじみのある文具が、ここで出ているというのはありますね。

きだて　勇気を振り絞って聞いてみますが、ちなみにこの会場内で、2003年にまだ生まれていないという人はいますか？

（お客さんのひとりが挙手）

*2……**サラサクリップ**　ゼブラのゲルボールペン。くっきりした発色が特長で、ネオンカラーやビンテージカラーなど、全46色の豊富なラインナップを誇る。

お客さんA　２００３年生まれです。

きだて　２００３年生まれ、いた！

文具王　**カドケシ**と同い歳か！

（もうひとりのお客さんも挙手）

お客さんB　２００４年です。

きだて　質問をしてはみたけど、結構ショックだな〜。

文具王　そうだよ、**カドケシ**より若い世代が出てきているんだよ。

きだて　**カドケシ**がある世界に生まれてきてくれて、ありがとう！

古　川　いい話だ！

きだて　しょっぱなからあまり時間を取られてしまうと10年間までたどり着かないので、そろそろ先に進めましょうか。

古　川　そうですね。ではこれまでの話をまとめますと、２００３年から２００５年にかけては、テーマの「この10年間」という期間からは少し前の時代ではあるものの、今につながる文房具開発の歴史は、**カドケシ**を嚆矢（こうし）とするということでよろしいでしょうか。

きだて　はい。そういう解釈でいいと思います。

***3……エナージェル**　ぺんてるのゲルボールペン。速乾性と、特に黒の濃さに定評があることから、エントリーシートや履歴書を書く〝就活ペン〟として人気が高い。

***4……ニーモシネ**　マルマンの高品質ノートシリーズ。発売時は、なめらかで書きやすい紙質に加えて、製品名表記の「Mnemosyne」（ギリシア神話の記憶を司る女神）が読めないと話題になった。

第2章

筆記具大爆発

2006〜2008年

〈この期間の主な出来事＆主な文房具商品名〉

2006

ライブドア社長（当時）の堀江貴文が証券取引法違反の容疑で逮捕（ライブドアショック）／トリノオリンピック開催、荒川静香がフィギュアスケートで日本人初の金メダル／早稲田実業の斎藤佑樹投手「ハンカチ王子」の呼称で人気／小泉純一郎が自民党総裁の任期を全うして総理を退任、後任に安倍晋三

ジェットストリーム（三菱鉛筆）／**トラベラーズノート**（デザインフィル）／**シュレッダーはさみ**（サンスター文具）／**ネオクリッツ**（コクヨ）／**FRIXION ball　ヨーロッパ発売**

2007

不二家で期限切れの原材料を使用していたことが発覚。以降、食品メーカー等の偽装が相次いで露見する／安倍晋三首相が辞任、福田康夫内閣発足／京都大学の山中伸弥教授が、人工多能性幹細胞（iPS細胞）の作成に成功したと発表／団塊世代の大量定年退職が始まる（2007年問題）

フリクションボール（パイロット）／**シャーボX**（ゼブラ）／**モノワン**（トンボ鉛筆）／**モノゼロ**（トンボ鉛筆）／**ケシポン**（プラス）／**コーネルメソッドノート**（学研ステイフル）／**色彩雫**（パイロット）／**マスキングテープ「mt」**（カモ井加工紙）／**ペンパス**（レイメイ藤井）

2008

中国製ギョーザによる中毒が相次いで発生／Twitter、日本国内で2008年サービス開始／iPhone 3G ソフトバンクより日本国内販売開始／北京オリンピック開催／リーマン・ブラザーズ・ホールディングスが破綻。世界的金融危機の発生（リーマンショック）／福田康夫首相が辞任、麻生太郎内閣発足／バラク・オバマが黒人初のアメリカ合衆国大統領に／株価大暴落によって日経平均株価が26年ぶりに7000円を割り、6994円となる

ディークリップ（デザインフィル）／**ドット入り罫線シリーズ**（コクヨ）／**システミック**（コクヨ）／**ハイユニアートセット**（三菱鉛筆）／**バイモ11**（マックス）／**メタフィスViss**（不易糊工業）／**エアプレス**（トンボ鉛筆）／**アクロボール**（パイロット）／**ポメラDM10**（キングジム）／**クルトガ**（三菱鉛筆）

〝ジェットストリーム〟以前と低粘度インクの年

きだて　さて、続けて年表をご覧いただくと、「カドケシ紀」と次の「筆記具大爆発」の間にラインがあると思いますが、文房具の歴史において、ここにくっきりと境界線を引かざるを得ない大きな節目があるんです。2006年より昔は「B.J.＝Before Jetstream（ビフォー・ジェットストリーム）」、つまり「ジェットストリーム以前」。そして2006年以降は「A.H.＝Anno humile viscositate（アノ・ヒューミリビスコシターテ）」、ここから先は「低粘度の年」と言われるようになります。というか、主に僕が言ってるんですけど（笑）。

この低粘度油性インク(*1)を搭載した**ジェットストリーム**の発売以降、実際に文房具の扱われ方が社会的に随分変わったという実感がありまして、それほどまでにショッキングな出来事でした。

どういうことかといいますと、ボールペンを買うときに**ジェットストリーム**を指

ジェットストリーム　三菱鉛筆の低粘度油性ボールペン。従来にない圧倒的になめらかな書き味で、ボールペン業界に革命を起こしたといわれる。

【注】
*1……**低粘度油性インク**　油性の溶剤を使っているため、粘りが強く書き味の重かった従来の油性インクに対し、溶剤の粘度を低くすることでペン先の摩擦を大幅に軽減したインク。スルスルと滑るような軽い筆記感が特長。

名する人が明らかに増えたんです。タイミング的には、ライブドアショックがあったり、直後にはリーマンショックが起きるなどの大不況期で、これまで会社で支給されていたボールペンがもらえなくなり、自分で買わなくてはならなくなった時期なんです。自分で買うなら安くて使いやすいものが欲しいと皆が考える中、口コミで**ジェットストリーム**の存在が広まったんだと考えています。

文具王　もちろん、文房具の指名買い自体は古くからありました。例えば**ドクターグリップ**(*2)が好き、無印良品の筆記具が好き、**ハイテックC**(*3)が好きというように、出てくる名前はいくつかあったんですけど、こういう買い方をするのは学生が主でした。でも、一般のおじさんが**ジェットストリーム**とペンの銘柄を口にするようになったのはスゴいことだなと思って。通常シャープペンやカラーのゲルボールペンは中高生たちが盛り上がるアイテムなんですけど、**ジェットストリーム**は社会人が主に使う油性ボールペンで、そういうものに感度の鈍いおじさんでも「これは違う！」と分かるぐらい、書き味がなめらかだったんですよね。

きだて　既存の油性ボールペンと、明らかに書き味が違うと分かったという。

文具王　初めて書いたときは、ちょっと驚きましたよね。

古　川　発売は２００６年の7月だったと記憶していますが、僕が初めて触ったのは２００７年でして。個人的にも文房具にのめり込んでいくようになったのが

***2……ドクターグリップ**　パイロットのボールペン／シャープペンシル。人間工学に基づいた太軸＋ラバーグリップを備え、強筆圧・長時間筆記でも腕に負担がかかりにくい。

***3……ハイテックC**　パイロットのゲルボールペン。豊富なカラーでにじまず書ける激細ペンとして、発売当時は女子中高生を中心に熱烈な支持を集めた。

他　故　この頃からなので、実はこの前後の背景がよく分からないんです。そこで当時からの文房具マニアの皆さんにお聞きしたいのですが、**ジェットストリーム**の登場時は、どれぐらいの騒がれ方だったんでしょうか？

きだて　僕個人の感じ方では、**ジェットストリーム**が発売されたことは聞いていたものの、周りがまだその良さを知らなすぎる時期が半年ぐらいはあった印象です。ワッと燃え広がったのではなくて、ある日気がつくと、みんながいつの間にか**ジェットストリーム**という名前を知っていた、みたいな感じ。

他　故　最初の頃は「低粘度油性インク、ちょっと滑りすぎるんじゃない？」という人たちもいましたよね。むしろわざわざ声をあげる人たちは、そちらの意見のほうが多かった気がします。今みたいにSNSが発達していなかったので、単純にネット掲示板の口コミぐらいの話ですけど。「いいボールペンがあるよ」よりも、「今度出たやつ、えらく滑るんだよ」という……ネガティブとまではいかないものの、自分には合わないみたいな意見のほうが、僕の周りでは多かった気がします。

きだて　確かに「気持ち悪い」というような、ネガティブな意見はあったね。

他　故　滑りすぎて字がさらに汚くなるとか。

文具王　でも僕は、この「書き心地が明らかに軽い」ということに対して、どちらかというと肯定派だったんです。人に貸したときに、使った人が一瞬で「おっ!?」

と驚く感じが、このボールペンにはあった。

きだて 「ペンなんてどれでも一緒だろ」と思っていたような人でも、ちゃんと従来のペンとの違いを認識できるぐらいの差があった。

他　故 それがまた、「自分用」で「使い捨て」で「いちばん使う油性ボールペン」で、というのがポイントですよね。

文具王 他の商品で僕が熱く語ると、「また文具王が、いろいろ面倒なことを熱弁している」と感じる人でも、これだけは「ちょっと、これちょうだい！」という反応なんですよ。普通の人にとって、他の文房具は必要なくても、ボールペンはやはり使うんですね。それは結構大きいかなぁと思います。

きだて そして何より、これ以降を「A.H.」「低粘度の時代」と言っているように、このムーブメントが**ジェットストリーム**だけで終わっていないということが重要だなと思って。

一　同 なるほど。

きだて **カドケシ**のフォロワーとして、カドで消すいろいろな消しゴムが出てきたように、**ジェットストリーム**の発売後、各メーカーが低粘度油性インクのボールペンをどんどん出すようになりますが、それは間違いなく**ジェットストリーム**の影響です。そしてその結果として、ボールペンを選ぶ、という習慣をみんなが身につけだした。**ジェットストリーム**よりさらにヌルヌル滑る**ビクーニャ**(*4)がいいとか、逆にオートがほどほどな滑りのペンを「最適粘度」と銘打って出したものがちょうど良かった、とか。自分の好みに合った書き味のペンを選ぶ、という行為が**ジェットストリーム**以降、わりと当たり前になったんじゃないですかね。

文具王　消しゴムは**カドケシ**以降いろんなアイデアがワッと広がったけど、でもその後は持続していない経緯（けいい）があるじゃないですか。これは、消しゴムというジャンルの持っている宿命ということもあると思うんですが、でも、この**ジェットストリーム**以降に各社が発売した低粘度油性インクのペンは、いまだに現行で主力商品になっている。ここからはどのメーカーも、既存の油性から低粘度油性に主軸を置き換えているんです。パイロットのアクロインキとかもそうですよね。これはものすごいことです。

古川　それは消しゴムというものが、基本的にはシャープペンシルや鉛筆を使う学生たちというマーケット以上を得られなかったことに対して、ボールペンはもう少し幅広いお客さんが受け入れたということですか？

文具王　幅広いというか、今現在の文房具の中で最も普及率の高いアイテムで革命を起こしたところがすごいんだと思います。つまり使う人の数が多かったから、それに気がついたときの社会の動きが圧倒的に大きかったというのがありますね。

きだて　あと、根本的に**カドケシ**が別に消しやすいわけじゃなかったというのもあるん

***4……ビクーニャ**　ぺんてるの低粘度油性ボールペン。「超低粘度」を謳うビクーニャインキは、ライバルのジェットストリームを超えたぬるぬる筆記を実現している。

ですよ。

一　同　……おお～!!

きだて　**カドケシ**ってカドで消せるけど、別にそれ以上に何かがいいわけではないし、硬いから消し味も悪かったし。

古　川　実は、かなり専門的な道具ですよね。

きだて　**カドケシ**は形状的な驚きはあるけど、でも使っても仕事は便利にならなかったんですよ。

一　同　おお～!!

文具王　鋭い！

きだて　ともかく売れたから、流行(はやり)に乗ったフォロワーは出たけれども、ジャンルとして定着するまでには至らなかったという。

古　川　リピーターがそこまで育たなかったというか。

きだて　たぶんですけど、ほとんどの人は**カドケシ**を2つ以上は買っていないはずです。ひとカドぶん消したところで満腹になって、「やっぱり普通の消しゴムでいいや」って思っちゃう。そういう経験がありますよね……って、会場の皆さんもうなずいてくれていますけど。

他　故　でも**ジェットストリーム**を使ったあとに普通のボールペンに戻るのは、ちょっと難しいですよね。

古　川　**カドケシ**のあとは、普通の消しゴムに戻れますもんね。

他　故　全然、戻れます。

きだて　そこが大きな差なんですよね。

古　川　質的な問題もあったのかもしれないですね。

文具王　それもあります。

古　川　あと、この時期にTwitterが本格運用を始めます。

きだて　日本での運用開始は2008年ですね。

古　川　たしか2007年には日本版にオーソライズされていないTwitterが始まっていたんですが、このあたりからいわゆるネットの口コミというものが力を持つようになります。

きだて　以降、ユーザーの発言力がどんどん大きくなります。

文具王　iPhoneが2007年にアメリカで発表されて、日本に入ってくるのが2008年。

きだて　iPhone 3Gが2008年ですね。

文具王　僕は当時、表参道のApple Storeに並びました。まぁそれはともかく、要は写真を撮ってSNSで拡散するみたいなことは、これよりあとの文化なんですよ。つまり**ジェットストリーム**が広まったのは、それ以前ということになります。

他　故　どちらかというと、その頃はブログの時代ですよね。ブロガーと言われる人た

ちがどんどん出てきて、ブログの中で文房具が好きだという人が写真を撮って
コメントしていたという。

きだて でもこの当時、「文房具ブロガー」と称して専門的にやる人たちは、まだそんなにはいなかったように思うな。

他故 いても分からないというか、他に探しようがないみたいな部分はありましたね。ブログそのものは流行っていたので、やっている人はたくさんいたと思うんですけど。

文具王 ブロガーの人たちが「文房具を使ったライフハック」とか言い始めたのは、もっともっとあとの話ですよね。その頃は普通に、文房具の口コミ拡散に過ぎなかった。

古川 2006年の項目として**ジェットストリーム**がありますけど、事実上ブレイクするのは2007年なんですね。

他故 そうですね。

古川 2006年は**トラベラーズノート**(*5)や**ネオク**

ネオクリッツ　コクヨのペンケース。ファスナーを開け、上部をめくって広げると自立してペンスタンドに早変わりする。

文具王　**リッツ**の出現も大きいですね。このあたりは、今や完全に定番となっていますが。ただ**ネオクリッツ**も、盛り上がるのはもっとずっとあとなんですよ。

古川　つまり、いろんなものがのちのブレイクに備えてセッティングされた年ということですね。

他故　**トラベラーズノート**も最初の段階では、今ほどすごい感じにはなっていないし。

文具王　ノートが流行るのって、だいたい3年くらい経ってからなんですよ。つまり、安定して売れるようになるまでには3年かかるといわれてます。

他故　そうなの？

文具王　最初はみんな、このノートが今だけ売っているものなのか、ずっと売れ続けるものなのかの区別がつかないから。なので、ほとんどのノートは最初の3年間の動きは地味で、そこからグーッと上がってくる流れです。

他故　確かに、特に**トラベラーズノート**はわりと特殊な大きさだったので、このサイズのノートを本当に売り続けるのか、最初の1年間は疑問視しながら使っていました。

文具王　今ほどの盛り上がりは全然なかったですよね。**ネオクリッツ**も、実はその前に**クリッツ**(*6)という商品があって、その改良版だったし。

きだて　そうですね。地味な存在だった。

他故　逆に言えば、**ネオクリッツ**ってこの頃からあって売れ続けているんだなぁと。

*5……**トラベラーズノート**　デザインフィルが展開するノートブランド。A4 1／3サイズのノートリフィルと、革素材カバーの組み合わせに独自カスタムを加えるのが人気。

*6……**クリッツ**　コクヨのペンケース。のちにネオクリッツへと発展する、ペン立てになるペンケース。

文具王　ずっと変わっていないのは、すごいですよね。

古　川　２００６年がセッティングの年であるところの証明としては、この年にのちに大きく語ることになる**FRIXION ball**がヨーロッパで発売されているんですよね。

きだて　日本より欧州圏が先だったんですよね。僕はヨーロッパ限定版でファイアーパターンのやたら格好いい軸が出てたのを、こっそり入手してました。

２００７年という「メモリアルイヤー」

古　川　ということで、歴史的に大きな意味を持つのが翌年の２００７年。ここは本当に、メモリアルイヤーなんですよね。

きだて　**ジェットストリーム**と並び称されるレジェンダリー・ペン、**フリクションボール**が日本で発売されます。

他　故　こちらはこの年に、いきなりドカンと話題になるわけですけども。

フリクションボール　パイロットの消せるボールペン。開発に35年かかった特殊なフリクションインクは、温度変化により透明化するため、筆跡をこすると摩擦熱で消すことができる。

文具王　**プロパス・イレイサブル**(*7)など、以前にも消せる筆記具はあったんですよ。でも、**フリクションボール**はそれらよりはるかにキレイに消えたし、書き心地がすごく良かった。「インクの色が薄い」という人もいたけど、それでも性能は圧倒的でした。

他　故　消しカスが出ないということだけでも、利便性がまったく違う。

古　川　当時の証言をここでは記録しておきたいのですが、発売直後の個人的な感想、そして周囲の反応というものはいかがでしたか？

きだて　その頃、僕は広告代理店でデザイナーをやっていたんですが、同僚や印刷関係者がドワッと群がるように**フリクションボール**の赤を買ってました。「こういうのが欲しかったんだ！」って言って。校正紙に書き込んだ赤字が消せることは、革命的だったんですよね。誤字の修正を赤で入れたけど直したやつもまた間違ってた、みたいなことはよくあったし。

古　川　グチャグチャになっていくやつですね。

きだて　直しがバツ、バツ、バツと3連ぐらいになっているものとか、欄外が延々と真っ赤になっていくというようなことも多々あったので、赤字が消せることは本当に福音でした。だから印刷やデザインの現場では、まず赤が異常な速さで広まりました。

文具王　あと、初期の**フリクションボール**は、黒がまだグレーだったんですよね。

***7……プロパス・イレイサブル**　三菱鉛筆の消せる蛍光ペン。インクが紙の繊維に定着する前なら、キャップ先端に備えた専用消し具でこすることで筆記線を消すことができる。

きだて　薄墨か！　というぐらい薄かった。

文具王　だから「それだったら、シャーペンで書いても一緒じゃん」みたいな意見もあったんですが、赤や青で書いたものがキレイに消せるのは、当時これしかなかったんです。他のものは、まだあまりキレイに消えなかったので。

他　故　その頃はまだね。

文具王　しかも赤や青の発色は、黒に比べてはるかに良かった。

きだて　赤は最初から普通にくっきりキレイでした。

他　故　僕はこの頃から黒はあまり好きじゃなくて、青がメインでした。

文具王　青は良かったよね。

他　故　青はすごくいい。

文具王　だから、青とか赤なのに消せるということがすごく大きかった気がしますね。

きだて　これ以前にも消えるペンはありましたけどね。さっきも言った**プロパス・イレイサブル**とか、あとは**ケルボ**(*8)とか。

文具王　でも正直に言ってしまうと、２００７年の段階で、僕は**フリクションボール**に関してあまり信用していませんでしたね。「これは大丈夫なのか？」と。

きだて　それはどういうこと？

文具王　色もそんなに濃くなかったし、消える便利さは分かっているからもちろん使うけど、当時は少し変わったボールペン、くらいで見ていました。**プロパス・イ**

*8……**ケルボ**　世界初の消せるボールペン。１９７９年に米ペーパーメイト社からEraser Mateの名で発売されたものを、翌年に三菱鉛筆がケルボという愛称で発売した。プロパス・イレイサブルと同様に、紙繊維に定着する前のインクを消し具で吸着させて消す方式で、フリクションインクとは異なる。

レイサブルよりもちょっといい立ち位置でずっと細々とやるのかと思っていたから、ここまで広がるとは思わなかった。

きだて　そうだったんだ。

文具王　温度が下がると文字が戻ってしまったりすることもあるので、最初の半年ぐらいはちゃんと使えるかどうか分からない。つまり夏と冬を越さないと信用できない。

きだて　文房具ファンは疑い深いからね。

文具王　ひと夏、ひと冬を越せなくて、なくなっていった文房具をいっぱい見ているので。

きだて　セミか！　と言うぐらい、越冬できないものがありますね。

文具王　でもこれはすごく重要な問題で、突然店頭から回収されてひっそりフェイドアウトしてしまった商品が結構あるんです。特に液状の、のりなどの接着系と、この消せる系の筆記具は本当に怖い。とはいえ面白いからずっと使っていたし、期待もありましたが、でもこんなにまでメインストリームであり続けられる性能になるとは、当時は思っていませんでしたね。

きだて　それ以上、**ユニボール ファントム**(*9)の悪口は許さないぞ（笑）。

古　川　これは**ユニボール ファントム**という消えるボールペンがありまして……（詳しくはP66～70も参照）。

他　故　あと、この5年ぐらい前ですか、**フリクションボール**のプロトタイプみたいな

***9……ユニボール ファントム**　三菱鉛筆の消せるボールペン。キャップ先端が消し具になっており、フリクションインクと同様にこすると摩擦熱で筆跡が無色化する。

もので、実はメタモインキを使ったボールペンがあったんですよ。

文具王　ありましたね！　**イリュージョン**(*10)！

他　故　**イリュージョン**という、消えはしないものの、こすると色が変わるというペンでして。

文具王　黒が赤に変わったりするんですよ。

他　故　ただ、これは冬に発売されて春に発売終了になったんです。冬季発売という、事実上、期間限定の商品だったんです。そういうプロトタイプを見ていたから、個人的には**フリクションボール**でここまで文字が消えることにびっくりしました。これならうまくいくかもしれない、と思いつつ、でも０・７ミリはインクが出すぎて線が太いので、０・５ミリが出るまでは自分の日常筆記具としてはまだ使えないかな、と。どちらかといえば**フリクションライト**(*11)、当時は**フリクションライン**という、今はない初期型の蛍光ペンのほうが好きでした。

文具王　消せる蛍光ペンですね。

他　故　蛍光ペンを消せることがこんなにも面白いのか！　と。僕は書いたところを丸々消すのではなくて、雑に引いて、引きすぎた部分だけを消して行頭を揃えるとか、そういうわりと細かいことができるので、消せる蛍光ペンは最初からすごく好きでした。ただ、いちばん最初に出た**フリクションライン**は、ポンプ式だったんですね。中に直接液体と攪拌球（かくはんだま）が入っていて、ペン先を押す方式

*10……**イリュージョン**　パイロットのメタモインキボールペン。摩擦熱によって黒の筆跡が赤や青に変化する。これがのちに同社のフリクションインキへと発展した。

*11……**フリクションライト**　パイロットの消せる蛍光ペン。摩擦熱で筆跡が無色化する「フリクションシリーズ」のひとつ。

で、とても使いにくかったんですよ。その後に**フリクションライト**という名前になって中綿式に切り替わってから、ほぼ完璧な商品になりました。なので**フリクションボール**については、僕はこのあとの**フリクションボールノック**(*12)まではあまり常用していないんです。

文具王　僕は**イリュージョン**のときから実演販売をやっていたんですが、**フリクションボール**は「消えるんですよ！」ってすごく言っていました。

古　川　お客さんの反応が結構あったんですね。

文具王　文字が消えると「お〜！」って盛り上がってもらえる、幸せな時代でしたから。

きだて　ある意味、牧歌的な時代だね。みんな純朴だった。

文具王　**イリュージョン**は色が変わるから、くじをつくっておいて「黒い線が４本ありますが、どれかひとつが当たりです」と言って、こすると１本だけ赤くなるという。

きだて　そんなこともやってたんだ。いろいろ考えてたねえ。

文具王　そんな実演販売をやっていました。

古　川　店頭での反応は、すごく良かったと。

文具王　みんな「こんなにキレイに消えるの!?」と、びっくりしてくれました。

古　川　これは今日の話の目的のひとつでもあるんですけど、**ジェットストリーム**や**フリクションボール**は、今となっては日常に定着した文房具となっていますけど、

*12……**フリクションボールノック**　パイロットの消せるボールペン。従来のフリクションボールをノック式としたもの。

他　故　当時の反応はどのようなものだったのか、それを記録しておきたかったんです。先ほど**ジェットストリーム**に関しては、拒絶反応が非常に多かったと聞きましたが。

文具王　**フリクションボール**に関しても、実はそうですよね。

他　故　「色が薄い」ってみんな言ってましたね。

古　川　それと「ボールペンが消えちゃダメでしょう」と言う人も多くいました。

きだて　当時はたくさんいましたよね。

文具王　それに対して僕みたいに誤字の多い迂闊な人間は、「消えるからいいんだよ！」と最初から徹底抗戦してた。根っからのフリクションシンパでしたよ。

きだて　結構みんな、そういうことはすぐに忘れちゃうんだよね。

文具王　なかったことにしちゃうのは良くないよ。

古　川　だからそういう事実こそ、こういう機会にきちんと確認しましょう。

きだて　確認しておかないと、なかったことになってしまう。

古　川　最初から年間1億本売れたぐらいのことになっちゃうとまずいので。

きだて　イノヴェイティブな商品ほど、まず最初に拒否反応が起こるのは当然のことですよね。なので、反発の大きさがこの商品の鮮烈さというか、インパクトを物語っていたともいえますね。

きだて　僕はこの時期、他故さんと共に「ノックはまだか」と言い続けた記憶があります。

他　故　2人で「ノックじゃなきゃダメだよな～」と。だってお尻にゴムが付いてるから、キャップをはめたら消せないんですよ！　「この構造、なんでやねん！」とずっと言っていたんです。

文具王　キャップにゴムを付ければ良かったんですかね。

他　故　もともと2006年にヨーロッパで先行発売したときは、パイロット・フランスからの発売だったんですが、フランス人はキャップを付けない文化なんですって。だからむしろ、設置場所はそこしかないということだったらしいんですが、日本に来てみると、日本人はみんなキャップを付けちゃうので消せない。「キャップにゴムを付けたらどう？」みたいな話もいろんなところで聞いたりしたんですけど、でもそうするとグラグラするという……。

きだて　よし、**ユニボール ファントム**の悪口はそれまでだ（笑）。

一　同　（爆笑）

きだて　ノック式になるまで**フリクションボール**は未完成だろうと思っていたんだけど、それでも赤がキレイに消せる唯一の筆記具ということで、僕はこの時期いつも10本とか20本の束で買ってましたね。

古　川　2007年に**フリクションボール**が登場し、そして**ジェットストリーム**がこの年どんどん知名度を上げていくことになった。

きだて　本当に着々と話題になっていったという感じでしたね。

古川　「**ジェットストリーム**がヤバいぞ!」みたいな空気が、2007年一年を通してできていった記憶が何となくあります。

文具王　実はこの年に、地味にマスキングテープの**mt**の発売が始まっているんですよね。

きだて　そうなんですよ。ここでまた大物が現れた。

他故　地味にと言いながら、たぶんこの中では最大級のヒットとなる商品なのではないかと。

文具王　今となっては「マスキングテープって、塗装にも使えるんですね」みたいな話で。

他故　「可愛くないマスキングテープがある!」と怒る人がいるという。

きだて　逆にこの頃は、塗装に使うものが可愛くてどうすんだよ! って憤(いきどお)ってた記憶があるな。

文具王　僕、最初の**mt**が発売される直前に、カモ井加工紙に**mt**をつくってと言っていたアーティストの人たちが制作した同人誌を持っているんですけど。

mt　カモ井加工紙のマスキングテープブランド。従来は塗装時の下地保護用だったテープに、おしゃれなデザインを施したことから「可愛いテープ」として認知が広がり、女性を中心に爆発的なヒットとなった。

古　川　すごいものを持ってますね。

文具王　マスキングテープをアートに使う人たちが出てきているぞと思って、そのとき面白いなと手に取りました。紙をホッチキスで綴じて、クリップで留めてというような同人誌だったんですが、それを今でも持っています。そのときは最先端の尖った趣味という感じでしたが、いつの間にか数十億円の市場になってしまった。

きだて　それこそ、マスキングテープ自体がひとつの「カルチャー」になっているぐらいの感じで。

古　川　一ジャンルになりましたね。

文具王　これもある意味、文化というところでいくと無視できない商品ですね。

古　川　2007年は他にも、**シャーボX**(*13)、**モノワン**(*14)、**モノゼロ**(*15)などがありますが。

きだて　スリム系の、いわゆる「カドで消しやすい」一派の一派ではあるんですけど。

文具王　**モノワン**、**モノゼロ**は、**カドケシ**以来の流れの人たちですよね。あの門派のね。ただ、かなり使いやすくもなって、いまだに**モノゼロ**は僕の定番消しゴムです。

文具王　あと、この頃は、個人情報保護法が施行されるという話があって、みんながシュレッダーなどをこぞって買い始めた時期なんですよ。

きだて　刻み海苔を量産するはさみが、いつの間にか**秘密を守りきります!**(*16)として発

*13……**シャーボX**　ゼブラのカスタマイズペン。1977年に発売され一世を風靡したシャーボの名を受け継ぐ高級モデル。シャープユニット+ペンリフィルを組み合わせて自分だけのオリジナルペンがつくれる。

*14……**モノワン**　トンボ鉛筆の繰り出し式ホルダー消しゴム。細いゴムにより1文字単位で消すことができる。

売されたりした時代ですね。

文具王　そうですね。2005年頃から個人情報保護法がどうこうという話が出てきて、企業や個人でもシュレッダーを導入するようになりました。そんな背景があったんですが、結局はさみで切るのも面倒ということで**ケシポン**(*17)という商品が出てくる。これは初月で10万個以上売れたという話でした。

古川　そんなにも！

文具王　発売当初から、いきなり爆発しましたね。

きだて　新聞やテレビで取り上げられる機会がわりと多かったんですよ。僕が文房具ライターとして活動し始めたのもこの頃で、**ケシポン**や**シュレッダーはさみ**あたりの個人情報保護系の文房具は、ネタとして随分稼がせてもらったイメージがあります。

古川　あと、2007年は**コーネルメソッドノート**(*18)もありますが。

文具王　縦横に3つに分割している、コーネル大学式ノートですね。

きだて　1ページが板書ノートとキーワードとサマリーの要素に分けられてるんですよね。

古川　のちに爆発する機能系ノートというものがこの頃から出てくるんですけど、僕の中で**コーネルメソッドノート**はその前駆的な存在という印象があります。

きだて　そうですね。最初から紙面が分割されている**コーネルメソッド**に続いて、その

***15……モノゼロ**　トンボ鉛筆のノック式ホルダー消しゴム。極細ゴムを搭載し、小数点だけを消すような精密ピンポイント消しも可能。

***16……秘密を守りきります！**　キッチン雑貨メーカー・アーネストの情報保護はさみ。もとは刻み海苔を量産するための多刃はさみだったが、個人情報保護法ブームに乗り、シュレッダーカットができるはさみとしてパッケージを変更して売り出された。

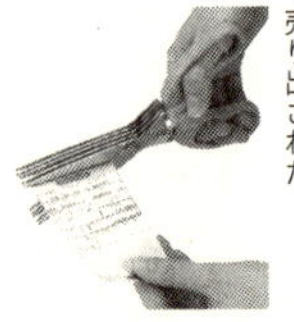

翌年にはコクヨから**キャンパスノート ドット入り罫線**という製品が出て、自分の好きなようにノートを分割できるようになりました。つまりはノートの使い方の提案ですよね。

文具王　**コーネルメソッドノート**のときは、まだ皆が騒ぐまでにはなっていなかったんですけど、その後『東大合格生のノートはかならず美しい』（太田あや著・文藝春秋）という本が出たんですよ。ベストセラーになりましたね。

古川　これが大ヒットしちゃって、ノートの書き方を工夫することが一気に注目を集めて、その著者とコクヨがコラボでつくった**ドット入り罫線**は、「東大ノート」と呼ばれるようになりました。それに対抗して、ナカバヤシが高学歴芸人コンビのロザンを使って「京大ノート」を出してくる。

文具王　**スイング・ロジカルノート**(*19)ですね。

他故　他にも本当に変わったノートがいっぱい出てきて、**カドケシ**後みたいな、ちょっと面白い広がりを見せました。でも、今でもノートに関してはメインストリー

キャンパスノート ドット入り罫線　教育ライターの太田あや氏とのコラボで作られたコクヨのノートシリーズ。東大合格生が使用したノートを解析・研究して開発された。

***17……ケシポン**　プラスの個人情報保護スタンプ。特殊パターンの印面をDMの宛名などの上からおすことで情報を読み取れなくする。

***18……コーネルメソッドノート**　学研ステイフルのノート。米国コーネル大学で開発された、紙面を3分割して使う学習用ノートシステムを取り入れたもの。

ムに残っているものがいくつもありますね。**ドット入り罫線**はもちろん、「京大ノート」こと**スイング・ロジカルノート**も定番として残っていますから。

きだて　つまり**カドケシ**よりは便利だった、ということですよね。

他故　ところどころディスを入れていますが（笑）。

古川　ちょっと視点をずらすと、このあたりからだんだん、デジタル文具というものが出てきはじめます。

文具王　２００８年にiPhoneが日本で発売されて以降ですね。

古川　これ以降、仕事や勉強に使う道具としての「文房具」が、従来のアナログ文房具から、スマートフォンなどデジタルなものに置き換えられていくという流れが徐々に始まっていきます。

文具王　２００８年にデジタルメモの**ポメラDM10**が出ているんですよね。

古川　このあたりでノートのあり方も少しずつ変わっていくということが、横軸としてあるかと思います。

ポメラ DM10　キングジムのデジタルメモ。小型軽量ボディに折りたたみ式のキーボードを搭載するなど、「どこでもテキスト入力ができること」に特化している。

***19……スイング・ロジカルノート**　ナカバヤシのノートシリーズ。京大・大阪府立大出身の高学歴芸人コンビ、ロザンと共同で開発された。

***20……Filofax**　英Filofax社のシステム手帳のこと。世界的に人気の高いシステム手帳ブランドであり、80年代当時はFilofaxを持つのがデキるビジネスマンのステイタスだった。

文具王　実はこれよりはるか昔の80年代後半にも、一度、文房具ブームと呼ぶべき時代がありました。当時はビジネスマンが**Filofax**(*20)などのシステム手帳をベースにして文房具を使っていて、それがカッコイイとされていた時代。で、この頃にも電子手帳などのデジタルな文房具が出てきて、すごい人気だったんですよね。今、我々が語っている**カドケシ**以降の時代の中での「デジタル文房具」「アナログ文房具」(*21)と言うのは、みんながスマートフォンやノートパソコンを持ってる前提でのデジタルとアナログなので、80年代と現代ではそれぞれ立ち位置的な違いはあるかな、と思います。

他故　ありましたよね。デジタル文房具じゃなくて、当時は電子文具というジャンルでしたけど。電卓にアドレス帳やスケジューラーがプラスされたような、いわゆる電子手帳にＩＣカードを挿してあれこれ機能を拡張するようなタイプのものもありました。

文具王　**テプラ**(*22)が出たのも80年代の後半なんですよ。**テプラ**のように、アナログの手書きをデジタルに置き換えていく作業ができる商品はすごく効率的で魅力的でした。それが80年代から90年代半ばまで流行ったんですが、その後バブルがはじけたりパソコンが普及し始めたりで、「そういうのは無くてもいいや」という感じを1回経たあとでの、今ここなんですよ。**ポメラＤＭ10**は、「パソコンよりも不便かもしれない、インターネットにもつなげない、動画も観れない、

*21……**「デジタル文具」「アナログ文具」**　文房具にデジタル技術を組み込んだもの、またはスマートフォン・パソコンとの連携性を高めたものを「デジタル文具」と呼ぶ。また、その文脈においては従来の文房具を「アナログ文具」と呼ぶことが多い。

*22……**テプラ**　キングジムのラベルライターシリーズ。オフィスから家庭まで幅広く普及しており、国内におけるラベル印刷機の代名詞的存在。

通信ができない、でも集中して文章が書けます」というのを売りにしてブレイクしたんですよね。

きだて　そうそう。最初から「ここまで削ぎ落としたから便利なんです！」っていう売り方だったよね。

文具王　80年代とは方向性が全然違うデジタルの登場だったんです。でもiPhoneが登場してからの流れは、どうしてもスマートフォンや、そのような情報機器に引きずられる形になってきます。

カスタマイズして楽しむ文房具とデザイン文具

古　川　そうですね。そういう横軸の補助線もあると分かりやすいですよね。２００７年にまたちょっと戻りますけど、**コーネルメソッドノート**の他に、パイロットの**色彩雫**(*23)もありましたね。

文具王　このちょっと前に**トラベラーズノート**が出ているじゃないですか。そして**色彩雫**でしょう。最近のノートを愛でる感じや、手書きを楽しむような雰囲気というのは、このあたりですでに始まりかけている。

他　故　**トラベラーズノート**、**ｍｔ**、**色彩雫**は、つながりを感じるところがありますね。

きだて　つまり、こういうものを使ってカスタムする楽しみというのが広がってきたん

***23……色彩雫（いろしずく）**　パイロットの万年筆用カラーインクシリーズ。日本の情景をイメージした、深みのある色合いが魅力。

です。実は文房具がカルチャー化した要素のひとつとして、カスタムという部分は絶対に外せない目線なわけですよ。カスタム行為を通してユーザー同士がつながってコミュニティを形成したという点で。２００６年から２００８年に出てきたこれらの「カスタムするための文房具」は、現代に大きな足跡(そくせき)を残しているものばかりで、影響がデカい。

古川 つまり、日常で使い捨てる道具としてだけではなく、手間がかかったり面倒くさかったりすることも込みで愛でていこうという、「ホビーとしての文房具」というジャンルがこのあたりから立ち上がってきたと。

きだて そうですね。「スクラップブッキング」(*24)などの古くからある文房具系の手芸ホビーとは、明らかに別ルートで成立してますね。あと、不況で製品のラインナップが絞られちゃったり、高級品には手が出ないよ〜となるとチョイスの幅が狭まるので、自分と他人の持っているものが似通ってくるということもある。気がついたら、みんなユニクロを着てるみたいな話で。でも、そういう状態でもやっぱり自分のインディビジュアリティーは維持したいということで、お金のない時代は文房具に限らずカスタムはどうしたって流行るんですよ。

文具王 この時期、**ジェットストリーム**や**フリクションボール**は別格として、それ以外に出てきているものは、80年代に求められた切実な主戦力としての文房具ではなくて、ある意味、サブの文房具なんですよ。例えばノートパソコンで仕事を

***24**……**スクラップブッキング** 80年代にアメリカで誕生した、写真をアルバムに貼る際に台紙を飾り付けるペーパークラフト・ホビー。現在は世界的に広がっており、日本でもファンは多い。

することがメインにありつつ、それ以外の部分を補完する形で**ポメラDM10**が出てきたり、あとは楽しむためのホビー要素が強いものだったり。

古川　大きな視点で見ると、今の文房具はある種、後退戦というか撤退戦を始めていると思うんです。その中でのひとつの戦い方として、このようなホビー化というものがあると。

文具王　あと、いろいろ出てきた中で面白いなと思っているのは、2008年の**ハイユニ アートセット**(*25)や**バイモ11**(*26)あたりが分かりやすいんですが、これまで誰も気づいてなかったようなまったく新しいものをつくるのではなくて、各メーカーとも自分たちが持っている技術をもう1回リデザインする、シャープに研ぎ澄ませて一段ステージが上がったものをつくる、という作業を始めているということです。自分たちの持っているブランドとしての強みを押し上げる方向、要するに、再発見とか自分の資産を見直すみたいな時代になっていた気がしますね。

古川　このあとに本格的な「2009〜2010年　文房具〝再発明〟時代」というものがありますが、それはつまり……。

他故　2008年からすでに始まっていたという。

きだて　確かに、再発明時代の萌芽（ほうが）はこの頃からあったと思います。例えば**メタフィスViss**(*27)のメタフィスブランドなど、デザイン文房具的なものが、この時期

***25……ハイユニ アートセット**　三菱鉛筆の鉛筆セット。10H〜10Bまでの22硬度が揃う。2016年には、三菱鉛筆創業130年記念のプレミアムノートをセットにした限定版も発売された。

***26……バイモ11**　マックスのステープラー。既存の10号針よりも少し大きい新開発の11号針を使用し、2枚から最大40枚の紙束を快適に綴じることができる。

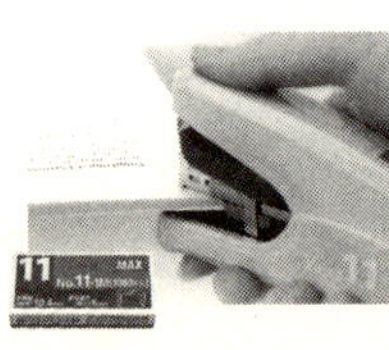

パッと一斉に花開いた感もあって。

文具王 これは、ちょっと前にデザイン家電が流行ったこともあってね。

きだて そうそう、家電側からその波が来て、ちょっと文房具に触って、そして去っていったみたいな。

文具王 今もまだなくはないけどね。でも**カドケシ**も、もともとは「コクヨデザインアワード」での佳作受賞から来ているし、デザインというものが社会のキーワードに挙がってきていた時期ではありますね。

きだて 工業デザインに何ができるのかということが、何となく一般の人たちにも分かってきた時代だった。

文具王 有名デザイナーたちが、文具メーカーで自分のブランドのものをつくる動きがちょこちょこ出てくるんですよね。フィリップ・スタルク(*28)は、もうちょっと前だったかな？

きだて スタルクは１９９８年かな。フィリップ・スタルクのセブン―イレブン・コラボデザイン文具ね。

文具王 そのあたりか。文房具＋デザインという話は、この辺からあったんだよね。

きだて ありましたね。スタルク文具は、あまり売れなかったけど。

文具王 メタフィス以外だと、amadana（アマダナ）とか。

きだて amadanaの計算機なんかもこのぐらいだったかな？

***27……メタフィスViss** ハーズ実験デザイン研究所のデザイン雑貨ブランド・メタフィスの消しゴム。ネジのような形をしており、ネジ山のエッジを使って「カドで消す」を実現した。製造・販売は不易糊工業。

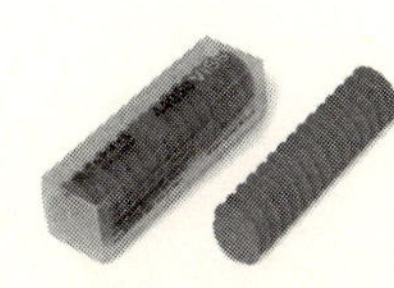

***28……フィリップ・スタルク** フランスのインダストリアル・デザイナー。建築から家具・食器・文房具など数多く手がける。

文具王　ともかくデザイナーが前面に出てものをつくり始める、という時代だった。ここでいうデザインというのは、切実な機能としての設計ではなくて、よりカッコよくしたいというような、つまりはオマケです。まあ、それがカルチャーだといえばカルチャーなんですけど、要は食うに困っているわけではなくて、それ以外の付加価値をどこに載せるかというのが、デザインだったりカスタマイズ要素だったりするのかなと。

きだて　また、こういうデザイン系の人たちが、それっぽいビジュアルで文房具メーカーをだまして、ちょろちょろとお金を巻き上げていった時代というのもありまして。

古川　今でも続いているかもしれませんよ。フフフ……。

文具王　いろいろありますよね。

「ブング・ジャム」誕生

古川　これは「2006〜2008年　筆記具大爆発」の締めくくりとしてぜひ記録しておきたいのですが、2007年5月に「ブング・ジャム」結成、そして2007年7月にイベント「ブングジャム#1」の開催とありますが、このあたりのお話を伺いたいと思います。まず、「ブング・ジャム」はどのようにして始まったんですか?

きだて 僕は2006年まで大阪で仕事をしていたんですけど、それより以前に他故さんとは、90年代からパソコン通信で文房具の話をしていた知り合いでした。

文具王 僕は『TVチャンピオン』(*29)以降なんですよ。

きだて あれは何年?

文具王 番組が1999年にあって、そのとき出場していた人の中にフォーラムをやっている人がいたので、それで知り合いが……。

きだて 説明しますと、かつてテレビ東京の『TVチャンピオン』という番組がありました。当時はまだ文具王じゃない大学院生の高畑くんは「全国文房具通選手権」の回に出場し優勝したことで「文具王」になったんですね。で、そのときの出場者の中に、僕と他故さんが参加していたパソコン通信の文房具会議室の……。

他　故 システムオペレーターとサブシステムオペレーター。

きだて そのあたりの幹部連中が、何人か出ていたんです。

文具王 僕は当時、インターネットやパソコン通信で文房具を趣味として共有されていることを知らなかったので、そういう人たちがいることを番組内で初めて知りました。

きだて バトルを繰り広げる中で、お互いに「おまえ、なかなかやるな」みたいな感じになったらしいんですよ。で、「国際文具・紙製品展」通称ISOTという、

***29……『TVチャンピオン』** テレビ東京系列で放送されていたバラエティ番組。毎回様々なテーマで、その分野の達人が集い、競技でチャンピオンを決定する。ちなみにブング・ジャムの高畑正幸は、この番組の「全国文房具通選手権」に出場し3連続優勝を達成。「文具王」の座に輝いた経歴を持つ。

日本最大の文房具の展示会が毎年7月にあるんですが、そこで我々パソコン通信の面々が集まっていたところに文具王が来てくれまして。

文具王　そこに呼んでもらって。

きだて　ISOTを見学したあとに新橋の屋台みたいな飲み屋で深夜まで、さっき観てきた文房具のあら探しばかりするという（笑）。そんな飲み会で3人揃ったのが前段階です。

文具王　その後、きだてさんがやっているイベントを見に行って「わっ、こんなことができるんだ!」と驚きました。

きだて　僕は2001年ごろから大阪で「生(なま)イロブン」というイベントを始めたんですよ。自分がコレクションしている変な文房具を実際にお客さんに見てもらうトークイベントなんですが、それをISOT見物の上京ついでに東京でも開催してみたら、会場に他故さんと文具王が観に来てくれたんです。そこで、「僕もこういうことをやりたいから、一緒にやらない?」と他故さんが誘ってくれたんですよ。

他　故　生で見たら、やっぱりやりたくなるよねーという話をしてね。そしてせっかくだから3人でうまくやれたらいいねと。

きだて　全員、とにかく文房具について喋りたくて仕方がない人たちだったんです。

文具王　イベントでは、きだてさんが自分の持っている色物文房具をすごく楽しそうに

1個ずつ見せびらかしながら話しているわけですよ。そのときは、まだ今みたいにPCもプロジェクターも使わずに、箱の中から現物を取り出して、これがどうこうというトークをして。

きだて そのときはルノアールの会議室を借りて、お客さんは30人ぐらいいたんですが、実際に触れるように客席に現物を回して見てもらってましたね。

文具王 文房具についてだけ喋るイベントが成立すること自体、僕にはすごく新鮮で、「これは面白い」と思って。で、他故さんが「こんなのやらない?」って言うから、もちろん「僕もやる!」みたいな感じで。

きだて 大阪で生イロブンを始めたのは2001年の6月なんですが、たぶんあれが世界初の個人が開催した文房具トークライブだったんじゃないかな。

古　川 それって結構、重要な事実ですよね。

きだて 東京でやったのは2003年が初めてかな。

古　川 そうなんですね。2003年に東京初開催!

きだて で、いろいろあって僕が2006年の秋に大阪の仕事を辞めて東京へ出てきまして、そのタイミングで「ブング・ジャム」を結成しました。そして文房具のことだけを延々と喋り倒すイベントをやりましょうということで、初めての「セタガヤ・ブングジャム#1」をやったのが2007年です。以降、会場が毎年のように変わりまして、2017年は「シナガワ・ブングジャム#11」

でした。

古川　今では文房具のトークイベントが全国で開催されるようになりましたが、その先駆けは明らかにきだてさんであり、「ブング・ジャム」だと思うのですが、最初の頃のイベントのお客さんの雰囲気はどうでしたか？

きだて　今日のこの会場と、変わった印象はあまりないですよ。

他故　当時は我々のことを知らないで来てくれたお客さんも多かったんですけど、でも確かに今日みたいに、わりと皆さんに笑ってもらえたと思います。

きだて　というか、そもそもどうやってお客さんを募集したんでしたっけ？　当時はTwitterもなかったでしょ？

他故　フライヤーを刷って、文房具店などいろんなところに置いていたんじゃなかった？

きだて　フライヤー刷ったのは「駄目な文房具ナイト」のほうじゃない？　ちなみに「○○・ブングジャム」というのは真面目に文房具を語るイベントなんですが、それと並行して、お台場にあった「東京カルチャーカルチャー」(*30)というイベントスペースで「駄目な文房具ナイト」という、「生イロブン」をベースにした色物文具を見せるイベントもやっていたんです。他故さんの言っているフライヤーは、たぶん「駄目な文房具ナイト」のほうだと思うけど、「ブングジャム」ではどうやって告知していたのか思い出せない……ホームページだけだっけ？

*30……**東京カルチャーカルチャー**　ニフティが運営する、東京・渋谷にあるイベントハウス型飲食店。愛称はカルカル。年間300以上のイベントが開催されている。2016年12月に渋谷に移転する前は、お台場に店舗があった。

他　故　まず最初の資産としてあったのは、きだてさんのメーリングリストですよね。もともと東京の「生イロブン」で付き合いのあった、メールのやりとりをした人たちにダイレクトに告知しよう、というのがベース。でもそれで本当に50人も集まるのか？　という話を最初にした記憶があります。

きだて　その当時はキャパ50人の会場でやっていたんですけど、集客が不安でしたね～。この会場で最初の「ブングジャム」イベントに行ったという方がいらっしゃいましたら、手を挙げてもらえますか？

（お客さん2人が挙手）

きだて　2人いらっしゃいますね。10年のご愛顧ありがとうございます。当時は何で知ったか、覚えてますか？

お客さんC　ジョイフル本田での、文具王の実演販売の場所にチラシが置いてありました。

文具王　そういえば、店頭実演のときに一緒に告知をしてましたね。

きだて　そういうことをやってくれていたんですね。もうひとりの方は、何で知りましたか？

お客さんD　私はイロブンのホームページと、文具王のホームページです。

文具王　ホームページやってましたねー。

きだて　そうですね、ホームページでした。

文具王　今日のイベントは、あえて限定30名という少数の企画だったこともあって、ここにいるお客さんはかなりコアだと思います。たぶん今日とその当時の会場の雰囲気は同じですね。対して最近の「ブングジャム」は１００人を超える会場での開催なんですけど、真ん中よりも後ろ側の席の人たちは、どちらかといえばもうちょっと普通の人たちです。

きだて　普通の人というか、我々の紹介する文房具にひとつひとつ驚いてくれる人たちね。「へ～、こんなものがあるんだ～！」という感じの。今日のお客さんたちは、ガムを噛みすぎて味がしなくなっているような感じですから（笑）。

古　川　コアな30人の質は変わらなかったとしても、その外側にどれだけのお客さんが増えたかというと……。

文具王　それはだいぶ変わってきてるんじゃないですか。

古　川　以前きだてさんが、「趣味は文房具です」と言ったときの普通の人の反応が、当時と今ではまるで違うという話をしていましたけれども。

きだて　そうそう！　**ジェットストリーム**が出たぐらいのときって、まだ「趣味が文房具です」と言うと、「なにそれ？」と訝（いぶか）しむ的なリアクションが返ってきましたよね。たぶん今日のお客さんも味わったことがある、おなじみの反応だと思いますが。

古川 皆さんおなじみの、あの視線ですね（笑）。

きだて そう、まず「文房具が趣味とはどういうことなんだ？」と説明を求められましたよね。あの面倒くさいやつ。最近になってようやく「あっ、文房具、面白いよね！」とか「最近流行ってるらしいね」ぐらいの進んだ答えが返ってくるという、幸せな状況になりましたけど。この反応の差はどのあたりからできてきたのかというのも、このイベントの中で考えたいなと思っていたんです。

古川 「ブング・ジャム」のスタートがそのあとの話と関係してくると思ったので、ここでさせていただきました。

文具王 （年表を見ながら）そういえばこの時期、僕は文房具の本を出していたんですね。2005年の12月に僕の『イロブン 色物文具マニアックス』（ロコモーションパブリッシング）という本が、2006年の1月に文具王の『究極の文房具カタログ【マストアイテム編】』（ロコモーションパブリッシング）という本が出ています。

きだて 同じ出版社で、たった1カ月の違いなんですが、年表にすると時期が離れて見えますね。でもこれ、本当は同時発売の予定だったのに、文具王の原稿が遅かったせいでズレちゃったというだけの話です（笑）。

文具王 毎日、徹夜で文章を書いていたのは覚えてます（笑）。

第3章

2009～2010年

文房具〝再発明〟時代

〈この期間の主な出来事＆主な文房具商品名〉

2009

麻生内閣が総辞職し、民主・社民・国民の3党による鳩山由紀夫内閣が成立。15年ぶりの非自民政権が誕生／裁判員制度スタート／歌手のマイケル・ジャクソンが死去／AKB48選抜総選挙始まる／イチロー選手、メジャーリーグ日本人初の2000本安打に加えメジャーリーグ新記録となる9年連続200本安打を達成／日経平均株価が、バブル経済崩壊後最安値を更新

スケジュールファイル（リヒトラブ）／万能M厚型（オルファ）／ツイストリングノート（リヒトラブ）／ペケピタ（ライオン事務器）／テンミニッツ（カンミ堂）／テンミニッツ手帳（カンミ堂）／エアロフィット（コクヨ）／データーネームEX（シヤチハタ）／スイング・ロジカルノート（ナカバヤシ）／エラボー（パイロット）／ペンカット（レイメイ藤井）／アリシス（カール事務器）／ハリナックス（コクヨ）／オ・レーヌ（プラチナ万年筆）／スリッチーズ（ぺんてる）／テキストサーファーゲル（ステッドラー）／スタイルフィット（三菱鉛筆）

2010

バンクーバーオリンピック開催／上海で万博開催／菅内閣が発足／はやぶさ（探査機）が小惑星イトカワから地球へ帰還／尖閣諸島中国漁船衝突事件発生／羽田空港沖合の新滑走路と新国際ターミナル使用開始／「○○女子」「○○ガール」ブーム／「ゲゲゲの」新語・流行語大賞の年間大賞を受賞／Twitter用語「～なう」の流行

スラリ（ゼブラ）／スティッキールはさみ（サンスター文具）／ビクーニャ（ぺんてる）／ユニボールファントム（三菱鉛筆）／フリクションボールノック（パイロット）／直線美（ニチバン）／ファンテープ（学研ステイフル）／ノビータ（コクヨ）／ジブン手帳（講談社→コクヨ）

文房具メーカーの自分探し

古　川　2006〜2008年は「ブング・ジャム」も結成され、本格的な文房具をめぐるブームが始まった時期でした。そして、いよいよ「2009〜2010年　文房具〝再発明〟時代」に入ります。

きだて　「文房具の再発明」というのは、文具王の造語ですが。

文具王　これは、さっきの話の続きになりますね。この頃はどこのメーカーも、不景気な中で無謀な投資はせず、自社の持っているアイテムを見つめ直して改良したものを出す、という手堅いやり方で他社と差をつけようとしていた印象です。

きだて　マックスの**バイモ11**とか、オルファが新しい刃をつくったりとか。

文具王　不易糊工業が自社の**どうぶつのり**(*1)を「フエキくん」というキャラクターにして、コスメやグッズを売り出したのも2008年頃です。自分の持っている資産を使って、何とか生き延びようとしたという話なんですよ。

きだて　油田が涸れたからリサイクルがんばろうね、みたいな。

他　故　**サクラクレパス**(*2)モチーフのラムネ飲料が出たのも、このあたりじゃない？

きだて　すごいカラフルなラムネね。あれはハタ鉱泉という飲料メーカーが、サクラと

【注】
*1……**どうぶつのり**
不易糊工業のでんぷん糊。かわいい目が特徴的な黄色い犬のボトルに赤い帽子形キャップが目印。1975年の発売から現在まで続く学童用のりの大定番。

*2……**サクラクレパス**
サクラクレパスの基幹製品であるクレパス。黄色い地にヨットやバラの図柄が入ったおなじみの紙箱は、数多くのグッズのモチーフになっている。

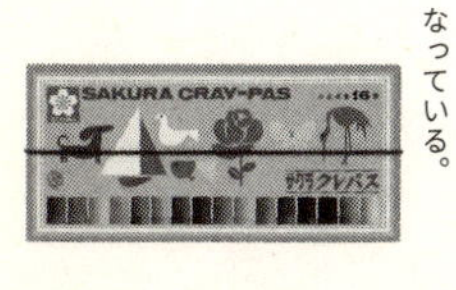

コラボしてつくりました。なんでそんなことを覚えてるのかというと、大阪時代に住んでた家の目の前がハタ鉱泉の工場だったから（笑）。他にも**クーピーペンシル**(*3)柄のソーイングセットとか、ライセンス商品をあれこれ売り始めた時期ですね。

文具王　あとマルマンが**スケッチブック**でいろいろな商品を展開したのもこの辺じゃないですか？

他故　黄色と黒が交差した、図案シリーズね。

文具王　景気があまり良くない中、「自分たちの強みは何なのかを見直そう」というような記事が、当時の『日経ビジネス』（日経ＢＰ）か何かに書いてあったのを覚えています。文房具メーカーもそういう発想法で自分たちの強みを考えた時代じゃないでしょうか。

きだて　言ってみれば、メーカーの自分探しとその結果ですよね。

文具王　それはあると思います。今現在の各メーカーの個性の際立ち方というのは、このあたりの時期に醸成されたような気もしますね。

図案シリーズスケッチブック　マルマンを代表する製品で、1958年に量産が開始されてから現在まで売れ続けているロングセラー。

***3……クーピーペンシル**　サクラクレパスの色鉛筆。色鉛筆の気軽さとクレヨンの鮮やかさを併せ持ち、消しゴムで消すこともできる。仏ベニヨール・ファルジョン社との共同開発で１９７３年に発売された。

***4……スケジュールファイル**　リヒトラブのファイル。透明のインデックスシートの間に挟んで、書類を仕分け管理できるファイル。12仕切りと31仕切りタイプがある。

古川　具体的にもう少し見ていきましょう。では**スケジュールファイル**[*4]は？

他故　これは新しいアイデアの製品ですね。

文具王　あと**ツイストリングノート**[*5]あたりも新しいものなので、今の話でいくと別の流れですけど。オルファのカッター**万能M厚型**[*6]はつくり直したもので、あとはシヤチハタの日付印**データーネームEX**[*7]もそうですね。

他故　それでいうと万年筆の**エラボー**[*8]も完全にリニューアル版ですね。

文具王　あとは2穴パンチの**アリシス**、コクヨの**ハリナックス**[*9]とか。昔は針なしステープラーもいろいろなメーカーが出していたものなんだけど、そこをコクヨががっぷり取り組んで現代のものにつくり直しました。

古川　また、自分の好きな芯を自分の好きなケースに組み替えて入れられる**スタイルフィット**など、これはこれで巨大なジャンルになりましたよね。

古川　この組み替えペンの流れは2005年の**ハイテックCコレト**[*10]にまで遡れますが。

アリシス　カール事務器の2穴パンチ。軽い力で穴が開けられるアシストリンク機構や、書類がたわまず載るガイドなど、メーカー自ら「120年ぶりに2穴ガイドを再発明した」と謳うほど、革新的な技術が数多く盛り込まれている。

***5……ツイストリングノート**　リヒトラブのリングノート。綴じリングが開閉して、ページの抜き差しができる。また、一般的なリングノートを分解して綴じ直すことも可能。現在はツイストノートと改名している。

***6……万能M厚型**　オルファのカッターナイフ。小型S刃の手軽さと大型L刃の強靭さを併せ持ち、まさに万能の使い勝手を誇る新開発の刃。段ボールなど厚物のカットに、特に威力を発揮する。

他故　そうですね。これはもともと**ハイテックCコレト**が2色軸で始めたものだったんです。でもその頃カスタム系ペンがジャンルとして盛り上がったわけでは決してなかったんですが、それが**スタイルフィット**と**スリッチーズ**(*11)という敵がダブルでやってきた結果、一気に広がったという感じがあるんですね。このあたり、メーカーの持っている技術がどうこうというよりも、相手が……つまり同ジャンルの製品がたくさん出て周知されたということも重要なのかな、という気がします。

文具王　カスタム系だと、**ハイテックCコレト**のあとに**シャーボX**があるんですが、この系統はしばらく類似品がなかったので、すごく売れたんですよ。ただ、筆記具の開発には時間がかかるので、**ハイテックCコレト**にインスパイアされた製品が世に出たのはだいたい5年後くらいですね。**カドケシ**が出たあとの消しゴムの爆発はかなり短期間で起こったし、**コーネルメソッドノート**系は半年後ぐらいにはインスパイアされたノートが出てたんで

スタイルフィット　三菱鉛筆のカスタマイズペン。単色〜5色まで選べるホルダーとリフィルを組み合わせて、自分好みのペンをつくることができる。油性ペンリフィルにジェットストリームインクを使用したことで人気となった。

*7……**データーネームEX**　シヤチハタのネーム印。名前＋日付が同時に捺印できる。

*8……**エラボー**　パイロットの万年筆。柔らかなペン先により強弱のタッチがつけやすく、とめ・はね・はらいといった日本の文字表現も美しく書くことができる。

*9……**ハリナックス**　コクヨの針無しステープラー。紙の一部を折り込んでとじることで針を使わず書類を綴じることができる。

すけどね。

他故　**ハイテックCコレト**のときは、わずかに事情が違うことがあるとすれば、ノック部をリフィルごと替えることができるという意匠を、パイロットが取ってしまってるんですね。なので、ノック部の形や色を替えることを、他のメーカーはやれなかった。

文具王　だから**スタイルフィット**は先端が透明になっていて、そこで色を見るしかない構造ですよね。

他故　そうですね。ノックのノブがみんな同じ色だから、インクの色が判断できない。だから、ペン軸先端の透明部分にチラ見えしてるリフィルでインクを識別するという構造です。

古川　今日、文房具のカスタムという言葉が何度か出てきましたけど、今言われているカスタムは、趣味としてのカスタムとは違う意味ですよね。

きだて　はい。これは利便性を上げるためのカスタムですね。自分の作業内容に合わせて筆箱の中身を替えるとか、そういう意味合いのやつです。

文具王　当時、ペンの色を切り替えられるのがめちゃくちゃ便利ということで、学生にすごく流行ったんですよ。特にオレンジ色やピンク色を入れた組み合わせが、暗記するときに赤いシートをかぶせて隠すのにちょうどいいとか、シャーペンと他のボールペンと、あとシートで隠せるペンを1本にまとめられるのが助か

*10……**ハイテックCコレト**　パイロットのカスタマイズペン。のちに発展する同ジャンルの先駆け的存在で、リフィルの後端がインク色と同じノックノブになっている。

*11……**スリッチーズ**　ぺんてるのカスタマイズペン。2色用・3色用のホルダーに自分で選んだペンリフィルやシャープユニットを入れて、オリジナルペンがつくれる。

るとか、学生にすごくウケたのを覚えています。

古川　これは完全に想像なんですけど、僕らより若い世代にとっては、ことの外（ほか）意味の大きい文房具じゃないかと思っていて。というのも、これはものすごく使い手の能動性が求められる商品じゃないですか。

他故　たぶんそうですね。メーカーから与えられるままではなくて、自分で考えて1本をつくる必要がある。

古川　どの組み合わせを持とうとか、私は油性3本でいこうとか、いろいろな組み合わせを考えてつくる。**スタイルフィット**を使う人たちというのは、書ければ何でもいいという人たちとは明らかに違う地平にいると思うんですよ。だから、ひょっとしたら**スタイルフィット**は文房具や筆記具に対するリテラシーをものすごく引き上げたのかもしれない。この人たちがこれから歳を取っていくにつれて、この影響力があとから証明されていくのではないかということをちょっと考えたりもするんです。

他故　それはあるかもしれないですね。

文具王　このとき中学生だった人たちが、もう大学生だったり社会人になったりしている時代ですから。

きだて　おそらく世代的には、90年代生まれの人たちですよね。

古川　彼、彼女たちが今後メディアや企業の中で発言力を持っていくときに、その影響力がもう少し可視化されてくるのかなという気が個人的にはしています。

文房具世代の分類

きだて 実は世代的な話も出るかなと思ったので、こういうものをちょっとつくってみたんです。あくまでも僕の私見ですけれども、文房具の世代、文房具マニアの世代における違いを図にしてみました。

（※次ページの図を参照）

きだて 「第1世代」というのがバブルを知る世代ですね。他故さんはこのあたりです。

古　川 他故さんは何年生まれですか？

他　故 1966年生まれです。

きだて 第1世代の人たちは、わりと全方位に文房具を知っている文具ファンが多いです。だからデザイン系とか新しいデジタルガジェットもちゃんと押さえてはいるけれど、その代わり100円均一の文房具とか、アジア製の安物文房具というような質の落ちるものに拒否反応を示す人も多い、というのが特徴ですね。

文具王 第1世代の人たちは、要はパソコンとかデジタル系のものがなかった時代の、

きだて 現役のメイン道具として文房具を扱っていた世代ですから。その次の「第2世代」というのが、多面式筆箱と缶ペンケースで小学生時代を過ごしたという世代で、文具王と僕、古川さんが該当します。

文具王 そうですね。年代でいうと、70年代から80年代前半生まれ。

きだて 自分が就職したときには、ノートパソコンがあったという世代です。

文具王 僕と古川さんが73年生まれで、僕が74年生まれです。この世代は、今まさに40代で仕事の中核でバリバリやっている世代なので、文房具を選ぶにあたっては「仕事の効率化に最適」という言葉にすごく弱い。

きだて 「○○術」ってやつですね。

第1世代

バブルを知る世代。全方向に知識があり、ハイデザイン系やデジタル文房具にも比較的強いが、100均文房具などローコストなモノを低く見る性質がある。

第2世代

多段マチック筆箱と缶ペンケースで小学校を過ごした世代。「仕事の効率化」という単語に弱く、機能的な道具を愛しがちだが、おもしろ系も意外と好き。

第3世代

「就活ペンは何がいい?」という話題で盛り上がる世代。万年筆好き、手帳好き、というように嗜好が細分化されている。でも、消しゴムはまとまるくん一択。

第4世代

人気Youtuberの紹介動画で文房具に目覚めた世代。情報の取捨選択が巧みで、嗜好の細分化は第3世代よりさらに進んでいる。

きだて　文具ハックというのも、それですよね。

文具王　なにか分かる気がします。

きだて　そのあとの「第3世代」は、集まると「就活ペン(*12)、なに使ってた?」という話題で盛り上がれる90年代生まれの人たち。まさに中高生の頃に多色ペンでリテラシーを鍛えられたのが、この第3世代です。そして筆記具は真剣に選ぶけれども、どういうわけか消しゴムは**まとまるくん**(*13)一択という人たちです(笑)。

一　同　(爆笑)

古　川　あくまで、きだてさんの私見ですからね。

きだて　このあと、この本の後半で語られるであろう「第4世代」というのが、それこそYouTuberによって文房具の情報を知る世代です。

古　川　今後は、これになっていくんでしょうね。

きだて　YouTuberに関してはまたのちほど話をしますが、今ちょっと世代の話になったので語っておきました。

「消せるボールペン」と「〝消えた〟消せるボールペン」

古　川　そして再び年表に戻りますと、２００９年にはそういった再発明系、既存のメーカーが自分たちの持っている資産、リソースというものをもう1回リブラ

*12……**就活ペン**　就職活動用のエントリーシートや履歴書を手書きする際に使われるボールペンのジャンル。担当採用者の目に留まりやすいよう、くっきりとした黒の発色、耐水性、速乾性などが求められる。ぺんてるのエナージェルユーロ、ゼブラのサラサなどが人気。

*13……**まとまるくん**　ヒノデワシの消しゴム。消しカスがまとまって消しゴム本体にくっつくので、散らばらずに捨てやすいという特長を持つ。1986年の発売以来、特に小中学生を中心に支持を集めている。

ンディング、リデザインしたものを出し直す動きがありました。

きだて 例えばカール事務器の**アリシス**は、それこそ2穴パンチを100年ぶりに再発明した、という製品です。

文具王 メーカーでは120年ぶりと言っていましたね。二重にテコを内蔵して、軽い力で穴が開けられる。これまで形がずっと変わっていなかった2穴パンチを、あえてつくり直すのはかなりのことですし、リアルな話をすると、2穴パンチって開発と金型にすごくお金がかかるんですよ。なので、形は違って見えても実は規格が共通というものが多かったんですが、その中でまったく新しい製品をつくるという、かなり野心的な試みでした。

古　川 この流れが、翌年の2010年にも続いているのではないかと。

文具王 そうですね。

古　川 ここで、先ほどの「筆記具の世界は遅れて追随商品がやってくる」という話でいうと、まず低粘度インクボールペンが他社から出始めます。

きだて **スラリ**(*14)や**ビクーニャ**とか。

文具王 消せるボールペンにも後継が出ますね。

きだて 「〝消えた〟消せるボールペン」こと**ユニボール ファントム**。これは三菱鉛筆が出したフリクション的な、温度変化で筆跡が消えるボールペンなんですけれども……。

*14……**スラリ**　ゼブラのエマルジョンボールペン。油性インクと水性ゲルインクを混合して乳化（エマルジョン）させた新しいエマルジョンインクを搭載。低粘度油性のなめらかさとゲルの発色の良さを併せ持つ。

文具王　これは1回地下に潜って、ついこの間**ユニボール R:E**(*15)という後継品として復活したわけですけれども……。

きだて　今日のトークでも何度かネタにしちゃった**ユニボール ファントム**ですが、これがなぜ「〝消えた〟消せるボールペン」と言われているかというとですね、**フリクションボール**も含めた、摩擦で筆跡が消えるペンというのは、だいたい60℃台の摩擦熱が加わるとインクが透明化して消えるんですが、逆に温度を下げると色が戻ってしまいます。**フリクションボール**はだいたいマイナス15℃からマイナス20℃ぐらいで色が復活するんですが、**ユニボール ファントム**はなんと0℃で復活しちゃうんです。つまりちょっと寒い地域だと、冬場に室内に置いておくだけで、消したつもりの文字がもとに戻ってしまう……というこの製品が、春先に発売されました。

他故　そう、春先に発売になった。

きだて　あくまでも邪推レベルの話なんですけど、たぶん三菱としては、夏の間に0℃で色が戻るのをなんとか改良するつもりだったんじゃないかな。でも、結局それが間に合わなかったのか、**ユニボール ファントム**は冬が来る前に市場から姿を消してしまった、というお話です。

古川　**ユニボール ファントム**に関しては、僕もちょっとまだ分かりかねるところがいくつかあって、例えば実際に文字を消せるボールペンをめぐって三菱鉛筆と

***15……ユニボール R:E**　三菱鉛筆の消せるゲルボールペン。ノックノブを逆さにすると自動的に固定され消し具になるというギミックを持つ。

きだて　パイロットとで裁判になりましたよね。

古　川　一瞬、ゴチャッとなりましたね。

ところが、パイロットが訴訟自体を放棄するという形で、ちょっとよく分からない結末になりました。

きだて　このあたりはどうなんですかね。

他　故　外からは事情は分からないですね。

文具王　一般論で話しますが、インクの開発に関していうと、インクそのものの成分だけで特許を取るのは難しいんです。しかも特許を取ろうとすると企業秘密を公開しなきゃいけなくなる可能性があるので、それをするぐらいなら放っておこうという。技術的に自分たちが勝っているんだったら、どうせ追いつけないだろうし、わざわざ知財を公開したり裁判でもめる必要もない、と。

もともと特許って、みんなが使えるように秘密を公開する代わりに、使った人からお金をもらうという、要するに技術を公開するためのものなんですね。秘密を守るためではなくて、広めるための法律なんです。だからどうしても秘密にしたい場合は、逆に特許を取らず隠してしまう。国は権利を守ってくれないけど、その代わり誰にも知られない、という戦略もあるわけです。

あとは形状的な問題として、ボディの後ろ側にゴムを付けることはたぶんパイロット側に登録されているので、それが三菱にはできなかった。そこで**ユニボー**

ル ファントムは、キャップ全体を消しゴムにするというやり方になったんだと思います。

きだて だけど逆に言うと、キャップをペン軸の後ろに付ける日本人にとっては、こっちのほうが正しい形ではある。

文具王 この直後に発売される**フリクションボールノック**は、クリップをノックにしてボディの後ろにゴムを付けたんですが、2017年発売の**ユニボール R:E**は後ろのゴムがノックノブ兼用で、ボディを逆さにするとノブが固定されて消せるようになる、というギミックをわざわざ入れている。これもおそらく特許がらみの問題でしょう。あとは何より、先行しているパイロットが積み上げてきた技術の壁が高すぎて、そこに追いつけなかったというのが根本的に大きいと思います。

きだて パイロットのフリクションインクって、そもそも開発に何年かかったんでしたっけ？

他　故 発売の時点で35年じゃなかったかな。

文具王 なので、もう40年以上になる。

きだて さすがに追いつくのは大変そうだよね。

他　故 でも**ユニボール ファントム**って、イギリスではめちゃめちゃ売れていたんですよ。

古　川　そうですね。というか、現状まだヨーロッパでは売られています。「**ファントム**は本当にファントムでした。ワッハッハ！」なんてよく冗談で言ってましたけど（笑）、ヨーロッパでは実はいまだに使われていますね。

文具王　ヨーロッパのほうが寒いのにね。

きだて　あと、国内でもなぜかイオン系列の文房具コーナーでは、長らく**ユニボールファントム**を売ってたんですよ。

他　故　そういうことって、なぜかたまにありますよね。

きだて　廃番にならず細々とあったという。

古　川　でも残念ながら、２０１７年12月末に廃品になってしまったそうです。

待望のフリクションボールノックの登場

きだて　そして同じ年に、ついに**フリクションボールノック**が登場します。

文具王　そうなんですよ、これは大きかった。

きだて　ようやく待望のノックが登場ということで。

古　川　**フリクションボールノック**の存在の大きさというのは、具体的にどういうところでしょうか？

他　故　とにかく「ノックじゃないとボールペンではない」というぐらい、ノック派の人ってすごく多いと思う。特に日本はそうですよね。

文具王　日本市場でボールペンを売ろうと思ったら、ノックじゃないとダメですね。

きだて　そもそも「キャップを外すのが面倒くさいよね」と、「外したキャップをどこかに置くのも面倒くさいよね」という、その2点ですよね。いちいち後ろにつけるのも面倒。とにかく「フリクションは絶対にノックじゃないとイヤだ」と言い続けて苦節3年。ようやく満を持しての登場ですよ。

文具王　ノック式って、中に入っているリフィルをカチッと押し出せばいいだけでしょ？　と思われてるかもしれないんですが、違うんですよ。キャップを閉めているということは、つまり密閉されている状態なので、インクはわりと守られているんです。ところがノック式はペン先が引っ込んでいるとはいえ、外に露出しているのとさほど変わらず空気に触れているので、乾いたり酸化したりといろいろな外的要因にさらされているわけです。なので、インクの開発としては格段に難しくなる。最初にフリクションがノック式で出なかったのは、つまり「出せなかった」というのが正しいということでしょう。

きだて　そういうことですよね。

他　故　これもやはり、3年かかっている。

きだて　そういえば**フリクションボールノック**の黒は、インクも最初から黒かったですね。

他　故　純黒とは言わないまでも、このぐらいならいけるという、いい感じの黒でした。特に0・7ミリみたいにインクの出が多いものは、かなり黒くなっていたので。

きだて　ノック登場のあたりから、わりと納得のいく黒になってきた印象があります。というか、黒のインクはそれまでも細々とバージョンアップしてたんですよね。

他　故　そうですね。面白いことに、**フリクションボール**は半年にいっぺんぐらい買い替えてみると色が違うんですよ。

きだて　我々の目につかないところで、ひそかにバージョンアップが続いてたという。

他　故　バージョンアップしているのはもちろん分かっていたんですけど、インクが切れたときに新しくリフィルを買うと濃さが全然違う！　みたいなこともありました。**フリクションボールノック**が出た頃は特にそんな感じだったんです。

文具王　あと電子顕微鏡で見ると、中に……。

古　川　ものすごいことを、随分気軽に言い出し始めた（笑）。

文具王　中に入っている粒々の大きさが均質でより小さくなったというのがあって、要はインクとしての性能が上がっている。

きだて　染料の粒とか、その辺が均質化しているという。

文具王　東京理大の文具研究同好会の人が撮影した画像を見せてもらいましたが、レーザー顕微鏡とかで見ると、そうなんですよ。

古　川　へぇ～……。電子顕微鏡で見るというインパクトが強すぎて、話が半分ぐらいしか入ってきませんでしたが（笑）。

他故　普通は見ようがないだろうって、全員の顔が引いてますよ。

古川　僕の記憶で言うと、**フリクションボール**が最初に出たときのある種の拒絶反応や、ボールペンが消えちゃダメだという懐疑的な視線は、**フリクションボールノック**に関してはほぼなかったように思います。

きだて　なかった感じがしますね。みんなだいぶ訓練されてきてた。

古川　歓迎ムードしかなかったような。

きだて　我々フリクションシンパが長年の草の根運動として、臥薪嘗胆、雌伏しつつ「フリクションは便利だよ〜」と言い続けた成果ですよ！

他故　正直に言えば、これでようやく人にすすめられるなって思いました。

きだて　おすすめしやすくなったというのは、確かにあるね。

他故　唯一、クリップノックなので「ゴムの部分を押してもペン先が出ないよ」ということだけは毎回言わないといけないのですが……。

きだて　ただクリップノックの部分だけが透明になっているので、分かりやすかったですよね。あきらかに「ここになにかあるぞ」という雰囲気で。

他故　一度使い方を覚えてくれれば大丈夫だよね。

きだて　この時期、人に配って布教する用として年間１００本は買いました。で、会う人会う人に配りまくった。

他　故　もともとインクの減りが早い製品だったというのもあるけど。

文具王　僕もたぶん、数１００本は売りました。

古　川　買いも買ったり、売りも売ったりで。

文具王　当時、店頭の実演販売では、**フリクションボールノック**で書いた文字を「これが消せるんですよ」と言いながらドライヤーの熱を当ててたんですが、でも消えるのに意外と時間がかかってしまって。

他　故　やってましたねー。

文具王　パイロットでもやっていたんですけど、ドライヤーは熱が外に逃げたり温度が上がり切らなかったりして、消えたはずがまた戻ってしまったりするんですよ。そういう経験を経て編み出したのがヘアアイロン方式。ヘアアイロンで紙を挟んでシャッと通すといっぺんに消える。実演ですごくウケたので、以来ずっとこれでやってます。

きだて　知られてきたとはいえ、まだ消えることに驚く人もいたよね。

文具王　**フリクションボールノック**が出たこの時期は、「本当に消せるんだよ」「こんなに便利なんだよ」という説明をしてました。

古　川　「マンガ家さんが使い始めているらしいよ」みたいな話も伝わってきたりね。

他　故　下描きに使えて便利、とかそういう声はありましたね。

きだて　僕、**フリクションボールノール**を知らなかった人を見たのは、今から3年前が最後です。

一　同　（爆笑）

きだて　たしか2014年の夏ですよ。仕事関係の人との打ち合わせ中、ノートの誤字をシャシャッとこすったら「えっ、なんで消えるの!?」と驚かれたという。

古　川　我々の格好の獲物ですよね。

きだて　それはさすがにレアすぎて。逆に「この人は保護しなきゃいけない」と思って、その場ではそれ以上の情報を与えなかったんですけど（笑）。

他　故　知らないままでいさせたかった。

きだて　絶滅危惧種動物保護の観点から。

文具王　でも、たまにはいますよ。文房具業界とまったく関係ないところで初めて会う人と話をすると。

きだて　おそらくマリアナ海溝の下のほうに住んでいる人とか、そういう人たちです（笑）。

他　故　深海に住んでいる。

文具王　とはいえ、今はだいたいみんな知っているし、熱で消えるという話もほぼ伝わっているという状態です。

きだて　説明すると、「あー、はいはい」ってなるぐらいの感じね。

文具王　でも、「はいはい、消えるのね」と言っている人でも、目の前でシャーッと消すと「おお〜!」ってリアクションになる。それが面白くて。

きだて　知っていてもまだ驚きはするんですね。

文具王　消えるって分かっていても、消えたら「おお〜」という。さすがに「よく消えてすごいな」というのはありますね。

手帳の派生と分化

古川　あと2010年でコメントしておくべき事柄として、**ジブン手帳**がありますが、この年からリリースするんですね。

きだて　手帳の話をすると、**ほぼ日手帳**(*16)は2002年版からなので、かなり先輩ですね。**ジブン手帳**以前は、文房具好きな人たちの手帳ってかなりの高確率で**ほぼ日手帳**でしたね。

古川　**ほぼ日手帳**も巨大ですよね。

文具王　あとは2006年の**トラベラーズノート**もだいぶ広がってきていて。系統でいうと、いちばん上に**モレスキン**(*17)があって、その下に二手に分かれて、片方が**ト**

ジブン手帳　コクヨの手帳。広告クリエイターの佐久間英彰氏が制作したもので、「24時間バーチカル形式のDIARY」「メモノートのIDEA」「自分の年表や人生設計など一生の記録を書き込むLIFE」の3分冊構成となっている。

***16……ほぼ日手帳**　コピーライターの糸井重里（いとい・しげさと）氏が主宰するウェブサイト「ほぼ日刊イトイ新聞」が制作・販売する1日1ページ形式の手帳。多彩なデザインのカバーが選べるのも魅力。

ラベラーズノート派、もう片方が**ほぼ日手帳**派って感じです。アーティストとして何でも描ける、絵に自信があるという人は**モレスキン**でいいんですが、ただモレスキンだと真っ白すぎて何を書いていいか分からないというのを1日1ページフォーマットに落とし込んだのが**ほぼ日手帳**で、別に旅行に持って行ったときにスタンプを押したり……。

他故　旅の思い出を収集しようとか。

文具王　つまりは日常を「旅」というものに捉えて、感じたことを書きとめたり、絵を描いたりしてみようというのが**トラベラーズノート**。そして1日1ページに、きちんと決めて書こうというのが**ほぼ日手帳**なんだと思います。で、さらにその下には「**ほぼ日**でも広すぎて何を書いていいのか分かんないよ」という人がいたので、じゃあこんなことを書いたらどうですかという提案をいっぱい入れたのが**ジブン手帳**だと思うんですよ。あとは趣味別の手帳というのも、いろいろ出ましたね。

きだて　ロフトの**ワナドゥ手帳**(*18)あたりですかね。手帳の派生、というかルート分岐も図表にしておけば良かったなー。

文具王　実は**モレスキン**って1回生産終了になったんですけど、でも別の会社から**カドケシ**の少し前ぐらいに復刻されたんですよ。で、日本でもその復刻したものが販売されると、**モレスキン**のファンがどんどん顕在化してきた。そのあたりの

***17……モレスキン**　19世紀後半にゴッホやピカソが愛用していたとされる伝説の手帳（生産終了）を、伊モレスキン社が1998年に復刻したもの。現在も熱烈な愛好者が多い。

***18……ワナドゥ手帳**　ロフトの手帳。ラーメン、筋トレ、ゴルフ、テーマパークといった趣味の記録に特化した紙面が特長。約60種のラインナップがある。

タイミングで今度は**トラベラーズノート**が出てきて、さらにいろんな分化をしていくんです。

古　川　この2009年、2010年あたりだとまだInstagramはないけど、外に向けて自分の手帳を見せることが結構重要な位置を占めてくる。

文具王　Twitterは完全に定着していましたからね。

きだて　なので、手帳が自分だけのものではなくて、Twitterなどで他人に見せる前提で書き始める人がこのあたりから増えているんですよ。

文具王　それは結構重要な証言ですね。見せるための手帳づくり、という概念の発生。文房具を見せる、自慢するという。

古　川　そこにさっきも話に出たマスキングテープなど、いろいろな商品が重なってくるのですが、そういうカスタム文化があった上で、外に向かって見せることができる時代になったことで、手帳の立ち位置もだいぶ変わりましたね。
ＳＮＳというのは画像を見せるだけではなくて、趣味や同好の士がつながるツールでもあるわけですよね。おそらくですが、この時期ぐらいから文房具のイベントや、文房具を通した趣味のつながりが活性化しだしたと思うんです。文房具ファンのコミュニティとかやりとりというものがものすごく濃密になる時代がここから始まることで、見せるための文房具がさらに存在感を高めていくという。

文具王　それはありますね。

ムック『すごい文房具』の大きな功績

古　川　そしてここからが、メディアにおける文房具の存在感も大きくなってくるということで。

文具王　キーになるのは、２０１０年に刊行された**『すごい文房具』**（ＫＫベストセラーズ）ですよね。

古　川　このムックの登場についての話は、ぜひ記録として残しておきたいんです。

文具王　それまでも文房具が雑誌に載ることはあったけれども、コンビニで買えるような手軽なムックとして1冊まるまる文房具を扱って、しかもかなり気合の入ったものが出たというのはすごかった。

古　川　このムックが実は現在の文房具の世界にとても大きな意味を持っているのは改めて言っておきたいし、記録しておき

『すごい文房具』 KKベストセラーズより刊行されたムック。本誌の登場以降、メディアでの文房具の扱いが急増するほどの大きな影響を与えた。

たいなというのが個人的にありまして。この『すごい文房具』の編集長だった岩崎（いわさき）多（まさる）さんが、今日はお客さんとしていらっしゃっています。岩崎さん、壇上まで来てもらっていいですか。

（岩崎さんが壇上に登る）

岩崎多（以下、岩崎）　当時、KKベストセラーズで『すごい文房具』というムックを編集していました岩崎といいます。今は別の出版社にいるんですけれども、よろしくお願いいたします。

古川　なぜこの本の存在が大きいかという話をいくつかする中で、まずはひとつ、端的にすごく売れたんですよね。当時、何万部ぐらいでしたか？

岩崎　13万部です。

古川　コンビニメインで流通するタイプのムックでしたよね。

岩崎　当時僕が編集に携わっていた『CIRCUS』という雑誌の増刊ということもあって、コンビニで結構出せたんですけれども。

古川　13万部というのは、出版関連の人が聞いたら分かると思いますけど、これは非常に大きな数字です。他の出版社からのフォロワーを生むに足る、本当に十分な数字なんですよね。

きだて　皆さんには、お配りした「『すごい文房具』２０１０年10月以降に刊行された文房具ムックリスト」を見ていただきたいと思います。

（※以下のリストを参照）

『すごい文房具』２０１０年10月以降に刊行された文房具ムックリスト

※『すご文』以前から定期的に刊行されていたムック（趣味の文具箱など）を除く

２０１１年

３月『デキる課長のスキルアップ文房具』（ミリオン出版）

『文具王 高畑正幸の最強アイテム完全批評』（日経ＢＰ社）

４月『文房具ぴあ―今すぐほしい！　使える文具いろいろ』（ぴあ）

『文房具完全ガイド』（晋遊舎）

『ステキ文具』（ＫＫベストセラーズ）

５月『愛しの文房具』（枻出版社）

７月『かわいい文房具』（三才ブックス）

『最強の文房具』（宝島社）

８月『大人の文房具【文豪たちに愛された傑作文房具＆書斎グッズ】』（晋遊舎）

9月『文房具の極―最強の文房具357アイテム収録』（リイド社）
『大人かわいい女子文具』（学研マーケティング）
10月『ニッポンの新オドロキ文房具―技術に、機能に、デザインに世界が驚嘆する！』（徳間書店）
『すごい文房具　リターンズ』（KKベストセラーズ）
『デキる課長のスキルアップ文房具 秋号』（ミリオン出版）

2012年
1月『こだわり文房具』（枻出版社）
『モノすごい手帳―手帳王国ニッポンの太鼓判』（ワールドフォトプレス）
3月『文房具ぴあ 2012』（ぴあ）
『大人の文房具Vol・2』（晋遊舎）
4月『モノすごい文房具』（ワールドフォトプレス）
『すごい文房具 エクストラ』（KKベストセラーズ）
『いつまでも愛用したいステーショナリーBOOK』（実業之日本社）
6月『愛しの文房具 no・2』（枻出版社）
10月『すごい文房具デラックス』（KKベストセラーズ）
11月『この文房具がすごい！』（宝島社）

『モノすごい手帳２』（ワールドフォトプレス）

２０１３年

３月『今、欲しい！使える文具』（成美堂出版）

『グッとくる文房具』（徳間書店）

『文房具マスターピース』（東京カレンダー）

『すごい文房具ゴールデン』（ＫＫベストセラーズ）

４月『文房具完全ガイド』（晋遊舎）

５月『カワイイふせん活用ＢＯＯＫ』（玄光社）

『愛しの文房具　ｎｏ・３』（枻出版社）

７月『文房具風水』（ブティック社）

『文房具大賞　２０１３—２０１４』（宝島社）

『デジタル文具術～「できる人」がコッソリ実践しているビジネスシーンの新常識！～』（玄光社）

11月『グッとくる文房具　２０１４』（徳間書店）

『文具の定番３６５』（枻出版社）

『文房具屋さん大賞　２０１３』（扶桑社）

12月『文具自慢』（扶桑社）

２０１４年

１月『この文房具がすごい！ ２０１４年～最新文房具 試してわかった〝使える度〟ランキング!!』（晋遊舎）

３月『今、欲しい！ 使える文具４００―選りすぐりの最新＆名品ステーショナリー』（成美堂出版）

６月『ＭＯＮＯＱＬＯ 文房具大全』（晋遊舎）

『文房具大賞 ２０１４―２０１５』（宝島社）

８月『一度は訪れたい文具店＆イチ押し文具』（玄光社）

９月『万年筆の教科書』（玄光社）

10月『手帳完全ガイド』（晋遊舎）

『雑貨店でみつけたかわいい文房具―私だけのステーショナリーと出会う本』（笠倉出版）

12月『グッとくる文房具 ２０１５』（徳間書店）

２０１５年

１月『文房具大賞 私のベスト文房具』（宝島社）

『文房具完全ガイド』（晋遊舎）

2月『文房具の便利帖』（晋遊舎）
『万年筆 for Beginners』（晋遊舎）
8月『文房具屋さん大賞 ２０１５』（扶桑社）
『超メモ術 ―ヒットを生み出す7つの習慣とメソッド』（玄光社）
『手帳事典 ―自分に合った1冊が見つかる！ 手帳選びの〝最強〟指南書』（玄光社）
10月『手帳完全ガイド』（晋遊舎）
12月『文房具&手帳ベストバイガイド』（学研プラス）

2016年

2月『文房具完全ガイド』（晋遊舎）
『文房具屋さん大賞 ２０１６』（扶桑社）
6月『文房具大全』（晋遊舎）
8月『システム手帳ＳＴＹＬＥ』（枻出版社）
9月『ふせんの技１００』（枻出版社）
10月『毎日を特別にするみんなのノート』（メディアソフト）
『測量野帳スタイルブック』（枻出版社）
『３６５日使える♪手帳&ノート ベストアイディア』（晋遊舎）
12月『手帳の選び方・使い方』（枻出版社）

2017年

1月『文房具完全ガイド』（晋遊舎）
2月『文房具屋さん大賞 2017』（扶桑社）
3月『三丁目の夕日―決定版 文房具の思い出』（小学館）
『文房具のベストアイディア』（晋遊舎）
『グッとくる文房具 2017』（徳間書店）

きだて とはいえ、それまでにも枻出版社などに、定期刊行物としてのムック的なものはあったんですが、年2冊というようなペースでした。ですが『すごい文房具』以降、ムックがえらい勢いで出始めます。

古川 出版界も文房具界と同じく、すごく売れたものがあると少し経ってフォロワーが続きますよね。

岩崎 たくさん出ますよね。

古川 そもそも岩崎さんがこの『すごい文房具』を出そうと思ったきっかけは、何だったんですか？

岩崎 まず、2009年に開催されたブング・ジャムさんの「筆箱ナイト」というイベントを見に行きまして……。

文具王　来てくださったお客さんの筆箱を見せてもらうという、変なイベントでした。

きだて　補足しますと、2009年の1月に我々ブング・ジャムで『筆箱採集帳』（ロコモーションパブリッシング）という、いろんな職業の方の筆箱とその中身を見せてもらうという本を出しました。その出版記念として「駄目な文房具ナイトEX筆箱ナイト」というイベントを「東京カルチャーカルチャー」で開催して、それを岩崎さんが見に来てくださったんです。

岩　崎　人の筆箱の写真をお客さんに見せるということでトークショーが成り立ってて、参加されている方たちもすごいウケてるんですよ。僕はその光景にかなりカルチャーショックを受けまして。

きだて　これね、文具王が「筆箱を見ただけで、その人の職業をプロファイルする」という気持ち悪いことをやっていて。あいつは、ほんとにキモい（笑）。

文具王　イベントの告知で、みんなに「いつも使ってるペンケースを持ってきてください」とあらかじめ言っておいたんですよ。で、イベントが始まってすぐにそれをザーッと集めて、前半に僕らがトークをしている間、楽屋でカメラマンさんにどんどん写真を撮ってもらって。で、後半はその写真を見ながらあれこれ喋ったんですよ。僕は文房具サイコメトラーなので、それを見ながら「この人はこういう仕事で、こういうタイプの人だ」と勝手に分析するという……。

きだて　それが結構当たってて、筆箱の持ち主だけじゃなくて周りのお客さんもドン引きするという、すごく気持ち悪い展開だったんですよね。あれは確かに衝撃だったでしょう。

岩崎 もう衝撃でしたよ。あと、その写真に写っていた蛍光ペンの**プロパス・ウインドウ**(*19)とか、僕は初めて見た文房具だったんですけど、お客さんに商品説明が一切ないんですよね。当たり前みたいな感じで。僕はそこで「そんなものがあるのか!」と驚いていたんですけど、誰も反応がなくて。

きだて あのときはたしか予想以上に筆箱が集まっちゃったので、「それぐらいはもう知っててくれ」的にサクサク進行したのかなー。置いてけぼりで、すいませんでした。

岩崎 僕はたまたま面白そうだなと思って参加しただけなので、まったく免疫がなかったんです。文房具がそこまで進化していることをまず知らなかったですし、会社員になってからは文房具店に行くこともなくなっていたので、こんな世界があるのかと。あとは、TBSラジオの『ライムスター宇多丸のウィークエンド・シャッフル』を聴きまして……。

古川 これは僕から説明させてください。僕はそれまで文房具に興味はあったものの、それほど詳しくないライトな文房具好きだったんです。でもブング・ジャムさんの『筆箱採集帳』を読んですごく面白いと思って、そこから文房具にハマったんですよ。

***19……プロパス・ウインドウ** 三菱鉛筆の蛍光ペン。ラインを引きながら紙面の文字が見える「窓」が付いた特殊な先端チップを備える。

岩崎　それで、僕が構成をしているTBSラジオ『ライムスター宇多丸のウィークエンド・シャッフル』、通称『タマフル』という番組があるんですが、2009年の年末に番組本編ではないポッドキャスト放送の中で「今、ボールペンがめちゃくちゃ面白いですよ」と言って**ジェットストリーム**の話をしたんです。当時は「気持ち悪い」という反応ばかりだったんですけど、それを岩崎さんに聴いていただいたと。

その『タマフル』のポッドキャストがすごく面白かったんです。しかも古川さんはそのとき「文房具で勃起するんですよ」という話をしていまして……。

一同　(爆笑)

きだて　誰が聴いても気持ち悪いですよね(笑)。

岩崎　これは面白いということで、当時編集に携わっていた『CIRCUS』という雑誌で古川さんに文房具の連載をしてもらおうと思いました。

古川　連載の依頼より、ムックのほうが先じゃなかった？

きだて　連載とムック、どっちが先？

古川　僕の記憶ではムックだった気がする(古川注：連載は2009年9月号から、ムックは2010年10月発売でした。すみません)。

岩崎　そうでしたっけ？

きだて　おい、編集者本人(笑)！

岩崎　同時かもしれません（笑）。

古川　そしてそれと同時期に、他故さんが僕に個人的にコンタクトを取ってくれたんです。

他故　そうですね。古川さんが『筆箱採集帳』を読んでくださっているのが『タマフル』ポッドキャストで分かった段階で、ぜひお会いしてみたいと。それで、実際に会ってお話ししたら、お互い「こいつは本物だ」ということで、そこからお付き合いをさせていただいてます。おかげさまで、いろいろ広がりました。

古川　それで結局、ブング・ジャムの方とそういう形で面識もできて、企画にも協力していただいた『すごい文房具』が2010年10月に出て、これが爆発的に売れたわけです。その半年後以降の2011年には、他にもいろいろな文房具のムックが続くようになっていくんですが、ただ、最初の岩崎さんがつくった『すごい文房具』以上に売れた本というのは、残念ながらありませんでした。それだけの数が出たということは、読み手が分散したともいえるんですけど。

きだて　冊数でいくと、2011年はムックが14冊、2012年は11冊、2013年は14冊と、それぐらい刊行されたわけですね。それまでの年に1～2冊というレベルからすると、大爆発なわけですよ。中には『文房具風水』（ブティック社）というようなヘンなのも出ましたね。「恋愛運をアップするペン」とか紹介してましたよ。

古川　その頃からすると落ち着いたとはいえ、いまだに定期的に文房具ムックがつくられていることにもちょっとびっくりします。ということで、何が言いたかったかというと、メディアにおける文房具ブームが２０１０年以後から急速に始まるんですけれども、「実は今日、ここにいる人たちがとても大きく関わっているんですよ」ということをきちんと記録しておきたかったんです。

きだて　というわけで、岩崎さん、ありがとうございました。

岩崎　ありがとうございました。

（岩崎さんが壇上より下がる）

一同　（拍手）

第4章

文房具ブーム襲来

2011〜2013年

〈この期間の主な出来事＆主な文房具商品名〉

2011

東北地方太平洋沖地震（東日本大震災）が発生／ウサーマ・ビン・ラーディンがアメリカ軍により殺害される／「なでしこジャパン」が流行語大賞に／野田内閣が発足／日本の地上アナログテレビ放送が停波し、地デジへ完全移行／北朝鮮の最高指導者 金正日が死去。後継は三男の金正恩／携帯電話の主流がスマートフォンへ

ショットノート（キングジム）／ポンキーペンシル（三菱鉛筆）／くるんパス（ソニック）／デコラッシュ（プラス）／nu board（欧文印刷）／ココフセン（カンミ堂）／キャミアップ（コクヨ）／フリクションボール3（パイロット）／大人の鉛筆（北星鉛筆）／インジェニュイティ（パーカー）

2012

高さ634mの展望タワー「東京スカイツリー」竣工／日本を含む北太平洋で金環日食を観測／食品衛生法により生の牛レバー（レバ刺し）の提供禁止／ロンドンオリンピック開催／第2次安倍内閣発足／レスリングの吉田沙保里が世界大会13連覇を達成し史上最多記録

フィットカットカーブ（プラス）／プレミアムCDノート（アピカ）／ケズリキャップ（シヤチハタ）／プレフィール（ゼブラ）／ラチェッタ（ソニック）／かるスピン（ソニック）／ジュース（パイロット）／どや文具ペンケース（Beahouse）／セメダインBBX（セメダイン）／鉛筆シャープ（コクヨ）／ポメラDM100（キングジム）

2013

NHK連続テレビ小説『あまちゃん』放送開始／富士山が世界文化遺産に登録／NTTドコモがiPhoneの提供開始を発表、日本の携帯電話大手三社すべてがiPhoneを取り扱うことに／アベノミクスによる金融緩和で円安進む

シグノ RT1（三菱鉛筆）／エアロフィットサクサ（コクヨ）／こころふせん（マルアイ）／AccessNotebook（フジカ）／ピーキス（マックス）／フリクションいろえんぴつ（パイロット）／ジェットストリーム プライム（三菱鉛筆）／ココサス（ビバリー）／デコレーゼ（サクラクレパス）／レッドテック（コクヨ）／オレッタ（キングジム）／カクノ（パイロット）／カ．クリエ（プラス）

文房具を扱うメディアのブーム到来

古川　この年あたりから、メディアでの文房具の扱いが激増するのですが、流れの常として、小さなところからだんだんと大きいメディアに流行りが移行していくんです。書籍は少人数でつくれるので、ある意味メディアとしてはいちばん小さい。そして次にラジオが動いて、最終的に必ずテレビがやってくるんですね。そしてテレビという媒体にとって、文房具は非常に扱いやすいネタでもあった、というわけです。この中では文具王がいちばんテレビに出演していると思うんですけど、テレビに文房具が出たときの反応というのはどうでしたか？

文具王　尺が短くも長くもできて、視聴者もみな少しは触ったことがあるものなので、文房具の特集をやるととりあえず視聴率が取れる、ということはあったみたいです。文房具の紹介となると各メーカーさんも協力してくれるし、短時間ならアイデア1個でポンと見せたり、長時間ならそこからさらに掘っていけばいい。だからかなり自在に番組がつくれるし、いろんなバリエーションで見せることもできるので、テレビ的にはおいしい素材なんです。新製品もどんどん発売されるので、見たことのない情報も出していける。そういうところもテレビ向きですよね。

きだて　「最新の○○特集」とか「進化した○○」みたいなネタはとてもやりやすいし、実際に今でもやってますからね。

文具王　２０１１年にテレビ朝日の『SmaSTATION!!』(*1)でやった文房具特集が、まとまった番組企画としてはかなり初期なんですが、それまでテレビでほとんど放送されたことがなかったから、とにかくみんなが珍しがってくれる感じでした。

きだて　我々にとっては入れ食いの時代ですね（笑）。未出のストックが山ほどある状態なので、いろんなものを紹介できる。最新文房具だけでもいくらでもネタがあった時代です。

古　川　ですから、２０１１年の『SmaSTATION!!』放送あたりがブームという意味では決定的になった気がします。

きだて　メディアでいうともうひとつ、２０１２年に出た**フィットカットカーブ**というはさみが『日経ＭＪ』の年間ヒット商品番付に入りまして、さらにそれがあちこちのメディアで

フィットカットカーブ　プラスのはさみ。向かい合った刃の角度が常にカットに最適な約30度を維持するベルヌーイカーブ刃により、従来の約3倍の軽さで切ることができる。

【注】
***1**……『**SmaSTATION!!**』テレビ朝日系列で放送されていた、香取慎吾（かとり・しんご）が司会を務めた教養バラエティ番組。２０１１年６月４日に「人気文房具ベストセレクション21」として、文房具の特集を放送し、大きな反響を得た。

取り上げられることになりました。

古　川　そこそこ上位でしたっけ？

きだて　いや、残念ながら前頭二枚目でした。それでもテレビや雑誌で「日経のヒット商品番付に入った、あのはさみ」という形で紹介される機会が大幅に増えたんです。そうすると社会的に「日経！」という認識になる。特に世の中のおじさんは、基本的に「新聞とテレビの両方で見たことがあるもの」＝「流行ってるもの」と解釈しますので、ここから一気にブーム化が進みます。おじさんたちが「いま文房具が流行ってるんだよ」みたいなことを、若い女性社員に訳知り顔で語る時代がついに到来しました。

ちなみにこの当時、某省庁に勤めている僕の友人が「キャバクラに新しいカラーペンを持って行くとモテた」と証言してくれています。

古　川　いい話ですね！

きだて　「だからきだてさん、おすすめのカラーペンとか教えてよ」というような話になり、僕がキャバモテの片棒を担がされたこともありました……ぐらいにはブームが来たな、というのがあの頃の体感ですね。

古　川　ただ、このときのブームというのは「文房具を扱うメディアのブームだ」ということは言っておいたほうがいいと思います。つまり、文房具全般がこのブームで爆発的に売り上げが伸びたかというと実はそんなことはなくて、文房具を扱うメディアが大量に増えて世間の注目が文房具に集まる機会が増えた、という意味でのブームであって、文房具そのもののマーケットが巨大化したわけではない、ということは、きちんと分けたほうがいいと思います。

文具王　とはいえ売り場などには影響が出るので、それこそ『SmaSTATION!!』の翌日の店頭はすごいことになるんですよ。「昨日、テレビに出ていたあれが欲しい」という人が山ほど押し寄せて、ちょっとしたパニックになって、各メーカーであっという間に欠品しちゃうという、それぐらいの破壊力はありました。

古川　本来だったらもっと下がっていたかもしれないマーケットが、下がらずにすんだぐらいの影響力は当然あったとは思います。

きだて　あれだけ世間を騒がせたんだから、もっと売れ続けてもいいだろうとは思ったんですけどね。あと、ここらでキングジムから**ショットノート**(*2)という、いわゆるデジタル文房具の中でドンと注目されるものが出ました。従来にない「スマホと文房具」という組み合わせが新しかったんですね。こういうメディアで紹介しやすいキャッチーな商品も立て続けに発売された時期です。それと、北星鉛筆の**大人の鉛筆**(*3)みたいに、小さなメーカーのものでもメディアで注目されるとそれなりに売れた、とか、そういう時期でもあるわけです。

他故　逆に今見ると、ちょっと懐かしい気がするぐらいですよね。

***2……ショットノート**　キングジムのメモシリーズ。スマホの専用アプリで紙面を撮影することで、簡単に手書きの内容をデジタル化して保存・整理ができる。

***3……大人の鉛筆**　北星鉛筆のノック式芯ホルダー。鉛筆の書き心地と木軸の温かみを持つ「鉛筆好きのための筆記具」がコンセプト。

フィットカットカーブと理屈ペイ

きだて　メディアで取り上げられたついでに話をすると、さっきの**フィットカットカーブ**は、この時期に出た文房具としては絶対に外せない製品だと感じているんです。**カドケシ**と同じ方向性というか、つまり機能を発揮するためなら、これまで当たり前だった形を変えても構わない、というのがついに消しゴム以外にも適用されてきた。要するに「はさみの刃ってこんな形でいいの!?」という驚きがあったわけです。

それは当然、メディア映えする大きな要因のひとつではあったし。これがウケると、以降は**エアロフィットサクサ**(*4)や**サクットカットヒキギリ**(*5)、**スウィングカット**(*6)など特殊な形の進化型はさみがどんどん出てくる。

古　川　新しいはさみが、ブワッと出ましたよね。

文具王　後追いがいっぱい出てきたんですけど、この**フィットカットカーブ**も**ジェットストリーム**と同じで、初めて切ってみたときに「お〜っ」って驚くほどに切れ味が軽く感じられたんですよね。

きだて　そうなんですよ。まず見た目が違う。次に実際に切ってみると、見た目のインパクトに負けないぐらい切れ味も違う。テレビで見たのはウソじゃない！　という驚きでみんなに迎えられたはずです。そういう部分で、この時期を代表す

*4……**エアロフィットサクサ**　コクヨのハサミ。刃元は大きな曲線、刃先は小さな曲線で構成された「ハイブリッドアーチ刃」で、約4倍の切れ味を謳う。

*5……**サクットカットヒキギリ**　ナカバヤシのハサミ。長い曲線の切刃と短い直線の受刃を組み合わせた「プルーナーアール刃」は、剪定ばさみから着想を得た引き切り効果を発揮し、最大1／4の力で軽く切ることができる。

る文房具としてもっと歴史的に評価されてほしい製品だと思ってます。

文具王　十分評価されているぐらい、売れてますよ。

きだて　そうなんですけどね。

文具王　本当にむちゃくちゃ売れてますから。その派生で**フィットカットカーブ**シリーズは、食洗機で洗える料理用とかペンタイプの携帯用ができるなど、ものすごく広がっています。あと、僕は工学系の人間なので、はさみを数学で考えるという話がすごく面白くて。プラスによると、このカーブした刃を「ベルヌーイカーブ」(*7)だと言うわけです。対数らせんを使うと向かい合った刃が常に同じ角度にできるよ、というものを彼らはつくった。

今の機械に使われている歯車って、インボリュート曲線という特殊な曲線で、常にかかる圧力が一定になるようにつくられていまして、静かで伝達効率が高い。昔はそれを職人の勘でやってた。でもそれが18世紀ごろに、数学を使うと簡単につくれることが証明されたんですね。そこから数百年経って、はさみのようなシンプルな道具に、まだ僕らが新しく気づけるようなことがあった、というのが面白いんです。

きだて　今の文具王の話みたいに原理を言葉で説明してもらうと、よく分かんなくても「おお〜、なるほど」って言えるんですよね。良く切れるのはこういうことなんですよ、と理屈がついているのがすごくいい。

***6……スウィングカット**　レイメイ藤井のハサミ。支点位置を刃の中心からずらした「スウィング構造」による引き切り効果で約5倍の切れ味を実現。

***7……ベルヌーイカーブ**　数学者ヤコブ・ベルヌーイが研究した対数らせんをもとにプラスが設計した刃の構造。らせん曲線の接線と中心から伸ばした線のなす角度は常に一定、という対数らせんの性質に基づく。

文具王　「ね、だから角度がずっと約30度でしょう」と言われたときに、「おお〜!」という。

きだて　「この約30度というのがいちばん切れるんですよ」「なるほど!」とね。実は今、文房具記事の原稿を「理屈文具」というテーマで書いてるんです。コクヨの**本当の定規**(*8)という製品の紹介なんですけど、理屈を聞いて「おお〜、なるほど」と納得できるだけで、購入分の満足は十分に得られるという趣旨で。

一　同　はいはいはい。

きだて　実用うんぬん以前に、「おお〜なるほど」と言うだけのために払う、つまり「理屈ペイ」ですね。

文具王　それは分かる。

古　川　めっちゃ分かる。

きだて　特に理系の人は能書きが好きでしょ?

文具王　確かに好きです。

きだて　それによって買わされてしまうという部分はとても大きくて。そういう意味で**フィットカットカーブ**は、万人が納得する理屈がついていますから。

文具王　**ジェットストリーム**は、低粘度の理屈があった上で、おじさんが「おお〜」って気がつくぐらいの軽さがあったじゃないですか。こちらは、おばちゃんが「おお〜」って気がつくぐらいの軽さがあったんですよ。

きだて　しかも安いじゃないですか。それまで家庭用のはさみって、ヘタすると20年ぐ

*8……**本当の定規**　コクヨの定規。目盛を太さのある実線ではなく、太さのない面と面の接線で表現することで、より高い測定精度を追求している。カドケシと同じくコクヨ・デザインアワード受賞作品を製品化したもの。

らい買い換えられてなくて、１９７０年代に出た林刃物の**ＡＬＬＥＸ事務用はさみ**(*9)が現役だったりするんです。まあ、あれは名器といえるはさみですけど。でも、それが２０１２年に、ついに新しい**フィットカットカーブ**に置き換えられた。理屈により、家庭用のはさみが20年ぶりに替わったんですよ。錆びたりガムテのベタベタがついてないはさみになった。

文具王　確かに、はさみを選ぶ上での決定的な指標を示したということはありますね。それまでは形が可愛いからとか、何となくでしか選べなかった中で、明らかに形が機能に直結しているはさみが登場して、指名買いができるようになった。

きだて　理屈がそのまま、買い換えの理由にすり替わるんですよね。

古　川　理屈というのは、ネーミングにも関わってくる話でしょう。メディアに載るときは、形やルックスの面白さとともに、それを何と呼ぶかは絶対に重要だと思うんです。今のシャーペンを見ると、なぜあんなにもメカメカしい名前がついているのかという。「クルトガエンジン」(*10)に始まって、「パイプスライド機構」(*11)、「オレンズシステム」(*12)など、意味はよく分からないけど無性にかっこいい名前がいっぱいついています。

きだて　これは、必殺技の名前ですよ。

他　故　声に出して呼べるのは、とても重要ですね。

文具王　わりと中二病を引きずってるところもあるので、僕としては強そうな名前は絶

*9……**ＡＬＬＥＸ事務用はさみ**　林刃物のはさみ。１９７５年の発売以来、日本の各家庭で長く使われてきたおなじみのロングセラー。

*10……**クルトガエンジン**　三菱鉛筆クルトガシリーズに搭載されている自動芯回転機構。芯先が紙面に触れるたびに芯が9度ずつ回転し、先端を均一に尖らせることができる。

対に欲しい。

古　川　声に出して読みたい文房具機能、という。

きだて　それが**フィットカットカーブ**における「ベルヌーイカーブ」だったわけですよね。

古　川　しかもそれがダイレクトに目に見える。

きだて　それは大事ですね。「クルトガエンジン」は実際に使った小中学生にしか広がらなかったけど、「ベルヌーイカーブ」は従来との違いが目に見えたし、社会的に理屈として認知されたし、声に出して読まれた。そういう意味で、文房具ブームの襲来を代表する製品なんじゃないかと思っているわけです。

文具王　テレビやYouTubeなどの映像では、「すごく書き味がいいですよ」だけだと紹介しづらいじゃないですか。「このような仕組みがあるから書きやすいんですよ」ということを言いたいから、やはり理屈は必要なんです。

きだて　実のところ、この理屈はすべてのユーザーにきちんと理解される必要はなくて、理屈が存在するということが重要なんですよね。

古　川　実感や持ち心地って伝えにくいですもんね。本当はとても大事な要素なんですけど。

文具王　だからある意味では、メディア的なブーム以降、そこは少し短絡的になった部分はあります。そういうふうにプッシュしやすいものが増えてしまったことで、単純にシンプルなつくりなんだけれども使い心地がすごくいいよ、という品に

***11……パイプスライド機構**　シャープペンシルの機構のひとつ。先端パイプが芯の減りと連動して軸内に収納されていくので、1ノックで通常よりも長く書き続けられる機構。

***12……オレンズシステム**　ぺんてるオレンズシリーズに搭載されているパイプスライド機構。0・2〜0・3ミリの極細芯をガードし、折らずに書くことができる。

関する伝え方が少し下手になったきらいはあると思います。

きだて　確かにそれはある。

古川　メディアがこれだけ増えると、当然メディアの質の差というのも出てくるわけです。例えばメーカー側が、後付け的に無理やりくっつけた理屈や名付けを、大した検証もせずにそのまま広めてしまったり。それは様々なメディアが参入したことによる弊害のひとつだと思っているんです。

文具王　だから、その必殺技をつけたがゆえに、正直、普通にちょっと使いづらくなったものもなくはないわけです。そこはメディアの反省点ということはあるかもしれません。

スマートフォンの普及と文房具への影響

文具王　あと、２０１１年はスマートフォンが文房具的にすでに無視できない存在になっていましたね。ちなみに、日本ではまだよく分からない色物扱いだったiPhoneが発売されたのは２００８年です。僕は今でも忘れられないんですが、当時会社の朝礼で「今後はこういう電話が増えてくるよ」と言ったら、みんなに失笑されたんです。「電話がかけづらいでしょう」などと散々言われましたが、でもそのあとに急速に普及して２０１１年頃は、むしろ「このままでは紙がやつらに食われるぞ」となってきた。で、遅ればせながら文房具メーカーの方から歩み寄りを始めたんです。

きだて　そうですよね。そんな印象ですよね。

文具王　文房具メーカーとしては、「スマホが便利なのは分かってるけど、書くときは手書きの方が便利じゃないですか？　その辺で間を取ってみませんか」という、いわゆる長崎の出島的な考えで**ショットノート**をつくった。けれど、今となってはまだまだ考える余地のあった製品なので、これが主流にはなり得なかったとは思うんです。

きだて　ちょっと面白かったのが、この時期、文房具記事を担当する編集さんから、デジタル文具を紹介する場合は必ず「手書きの味わい」とか「アナログ文具の良さを併せ持つ」みたいな一文を入れてくれ、と依頼されることが多かったです。文房具記事を読む読者はスマホに反感を持っているに違いない、みたいな危機感があったのかな。

文具王　もちろん文房具側にも危機感があったし、でもその裏返しで「手書きの味わいは指でガラスに書くスマホには負けない」みたいな話になって、それがたぶんノートが高級・高品質化に進む原動力になったし、「万年筆がすごい」という見直しにつながるポイントでもあった。

きだて　まさにこの時期の最後のほうで**カクノ**(*13)というパイロットの初心者向け万年筆

*13……**カクノ**　パイロットの万年筆。万年筆初心者の入門用として開発され、1000円という廉価版ながら安定した書き味を誇る。

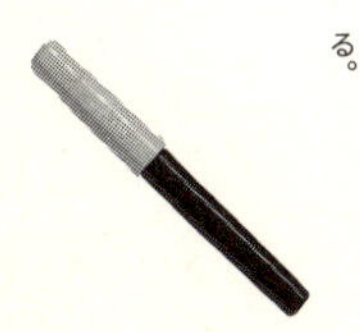

も登場します。

文具王　2012年には**プレミアムCDノート**(*14)も出るんですよ。ノートの書き味というものを、この前後ですごく言い始めます。紙質がどうとか、万年筆との相性がどうだなどと言うようになったのは、たぶんデジタル化に対するアンチテーゼだと思うんです。

古川　つまり、手書きでノートにメモを取るという行為をあえてやっているような人たちであれば、多少お金がかかっても払うのではないか、ということでターゲットを絞る。大きく見ればこれも文房具の後退戦、撤退戦のひとつなんでしょう。

文具王　さらにこのあたりで、スマホなどデジタルガジェットの性能が年を追うごとに良くなっていき、画素数が上がって、大画面のタブレットなんかも現れます。今までパソコンの画面ではダメだといわれていたもの……例えば「新聞は紙だからレイアウトがあってきちんと見られるけど、WEBのニュースは位置付けが分からないから全体が把握できない」みたいなことをよく言われましたけど、それは単にモニターの解像度が低かったり、道具の性能が低かっただけの話で、性能が上がってくると、そういうのが迷信だったことが分かってしまった。ともすると、何度も言われて何度も失敗してきたペーパーレスがそろそろ本当に実現してしまうんじゃないか、という恐怖に文房具業界が襲われるんです。

*14……**プレミアムCDノート**　アピカの書き心地にこだわったノート。このノートのために開発した紙を使用し、シルクのようになめらかな書き心地が味わえる。

きだて　そうですね。まさにこのぐらいの時期でしたね。文房具メーカー側からだけでなく、デジタルガジェットのメーカーからも文房具的なものがあれこれ発売されました。

古　川　デジタルでできることは何か、アナログじゃなきゃできないことは何か、がこのあたりからすごく議論され始める。というか、時期的に議論すべき問題であったわけですね。

文具王　なので、文房具メーカー側はアナログならではの良さを探し始めるんですよ。

きだて　そうですね。例えばさっきの**大人の鉛筆**や、パーカーの**インジェニュイティ**(*15)なども、アナログの書き味といった対抗策のひとつとして考えられた流れかもしれないですね。

古　川　僕は**インジェニュイティ**は、いまだに何なんだろう？　と思っているのですが……。

他　故　あれは、大人のミリペンです。

きだて　高級ミリペンですね。

他　故　アメリカではポーラス芯という、先端がフェルトになっているものに一定の需要があるみたいなんです。この間テレビで観たんですが、トランプ大統領が珍しいペンを使ってサインをしているなと思ったら、ポーラス芯でした。クロスのペンなのに、万年筆でもなくボールペンでもなく、先っぽがフェルトになっ

***15……インジェニュイティ**　パーカーのペン。従来の万年筆、油性ボールペン、ローラーボール（水性ボールペン）、ペンシルのどれでもない、新しい「第5世代の筆記具」。これまで体験したことのない書き心地だが、筆記感や見た目は万年筆、構造はボールペンに近い。本商品の問い合わせ先はニューウェル・ラバーメイド・ジャパン株式会社まで。

ています。別売りでリフィルが売られているんですが、日本にはもともとそういう発想がありませんね。

古川 そういうニーズから生まれてきたものであると。へえ〜。

他故 レアケースみたいですけどね。

文具王 **インジェニュイティ**に関しては、海外から入ってきたものなので、日本で行われていた対デジタル対スマホにおける後退戦、あるいは迎撃として考えられたものとは別ラインかな。どちらかというと、このままじゃ紙が本当になくなるかも、みたいな恐怖感のほうが大きかったと思います。最近は少し落ち着いてきた感じもありますけど、当時はかなり深刻な雰囲気が業界全体にひしひしと迫ってました。

きだて スマホは完全に黒船でしたからね。

文具王 それに対して出島としてつくられた**ショットノート**と、お台場に大砲をつくって迎え撃つぞという高品質な手書き関連の製品。そういう趣味的なものがどんどん増えてきます。

デジタル文具がうまくいかなかった10年

文具王 スマホ来航からの流れとしてデジタル文具にも触れておきたいんですが、この

10年って、デジタル文具は試行錯誤をしたにもかかわらず、結局うまくいかなかった10年だとも思うんですよ。

古　川　デジタル文具の話は、ぜひしたかったです。

文具王　パソコンやスマートフォン、タブレットなどいろいろなものが登場した中で、なんとかデジタル文具の形をつくろうとして、「そもそもデジタルな文房具のあり方って何だろう？」と必死に考えたにもかかわらず、結局答えにたどり着かなかった10年だったんじゃないかなと。

古　川　土台となるデジタル技術はどんどん進化していくから、適応したと思ったところで数年後には状況がまったく違っているということも繰り返されていますよね。

きだて　デジタルはほんの数週間で根本の技術がガラッと変わることがあって、本腰を入れて開発しにくい部分はあると思います。結局ドリーミングな話だけで成立しませんでした、ということもあったし。

文具王　デジタルの使いどころを業界、というか誰もがイマイチ理解できていない。たぶん僕らが既に概念として持っている文房具や事務作業の延長上に答えはない。インターネットですら、うまく使えないというのがようやく分かってきたような気がするんです。

古　川　というのは？

文具王 インターネットでコミュニケーションを加速したら人類が変わるような革命が起こるかと思ったら、むしろ格差や足の引っ張り合いが顕著になるばかりで、本質的な情報の価値を見えづらくしてしまった。

古　川 そうですね、この10年でそうなりましたね。

文具王 これは利用する人類の創造力の限界や個々の弱さのせいだと思いますが、デジタルの使い方として、従来の紙の置き換えではないもっと根本的に違う使いこなしがなされなければいけなかったのに、そこにはうまく踏み込めなかった。アナログの習慣を引きずるあまり、デジタルの良さも引き出しきれないデジタル文具しかつくれていない。

古　川 ちょっとフワッとしたことを言いますけど……デジタル文具はガジェットの形を取らないかもしれないですよね。というのも、例えば今、会議や授業の板書をみんなスマホで撮るじゃないですか。実はこれって形はないけれど、すごく文房具的な行為というか、これって本来は文房具がやっていた役だよね、ということを最近考えていて。実体を持ったガジェットとしてデジタル文具というものを作るのではなくて、今すでにあるデジタルツールが文房具的な振る舞いをしだすのではないか、と。

文具王 その行為そのものが文房具になってしまっている。

古　川 そう、まさにそんな感じです。

きだて 文房具がやっていた仕事こそが、実は文房具そのものだった。概念的な話ですね。

文具王 それこそ80年代に『BTOOL（ビー・ツール・マガジン）』(*16)（ナツメ出版企画）で試行されていたこと、未来の僕らがやりたかったことというのは、もうほとんど全部スマホひとつですんでしまう時代が来ちゃった中で、どうすればいいの？　ということはあるかもしれない。

古　川 スマホが文房具かどうか？　でもなくて、たぶんこれは「文房具がやっていたことって何でしょう？」という話なんですよね。

きだて スマホのようなデジタルガジェットが新たに文房具の立ち位置を担うようになって、現在デジタル文具と呼ばれているものは、ガラパゴス的に残るだけかもしれない。

古　川 そうかもしれませんね。ある種の郷愁と共に、といいますか。

きだて 僕が最近、文房具におけるデジタルの使い方として適度だなと思ったのが、今キックスターターで注文している「指紋認証機能付きノート」なんですよ（きだて注：届きました。指紋認証がなかなか高精度で面白いです）。これは紙のノート＋ノートカバーなんですが、カバーを閉じるとロックがかかって、開くにはカバーに付いたセンサーによる指紋認証が必要というものです。セキュリティーの部分だけデジタルにして、文房具の振る舞いはアナログのままとか、そんなさじ加減がちょうどいいな、と思ってるんですけど、これくらいのものがデジ

*16……BTOOL（ビー・ツール・マガジン）
1988年4月号から約4年間刊行されていたナツメ出版企画の月刊誌。文房具・電子文具に特化した内容で、当時の文房具マニアは必ずと言っていいほど愛読していた。

タル文具として残るのならそれでいいし、古川さんが言ったとおり、スマホがそのまま従来の文房具の仕事をすべて肩代わりしても全然いいと思う。

文具王 文房具ではなくて、文房法とかね。

古　川 形じゃなくなっちゃったんだ！　というね。

文具王 この文房法というか、文房具の振る舞いを形に落とし込んだものが**ジブン手帳**だったり、機能系ノートだったりするんだけど、デジタル側は逆に、振る舞いを使う人の行為に溶け込ませて、形のない方向に持っていこうとしている。

古　川 クラウド化していると言ってもいいのかもしれない。

文具王 スマホに付いてるカメラも、それがノートであるというみたいな。

古　川 そうですね。今はそのようにつながっていると。

きだて そういうのを突き詰めると、最終的には人間にジャックを埋め込んでネットワークに連結してという話に進んで、人間イコール文房具ということになってしまうよね。

古　川 未来のＳＦ話ですけどね。

きだて 人の振る舞いが文房具だというのであれば、最終的にはそうなってくるかな。

文具王 文房具という道具を販売することが難しくなってくるので、昔の伝統芸能を伝えるように、文房具という振る舞いを教える。

きだて 文房師範とか文房家元みたいなね。

文具王　師範がやっている振る舞いを真似るとか、そういうことで広がっていく。文房具という行為は社会的に共有されているから存在しているけど、それには確固たる形がなくて、しかも文章化できない形や動きとして伝えられるから、伝統の踊りみたいなもので。

きだて　ライフハック師匠による口伝(くでん)で仕事を効率的に、というようなことはあるかもしれません。

古　川　かなり抽象的な文房具論になってしまいましたね。デジタルと文具について考えると、結構このあたりの極論まで行きがちなんですよ。

きだて　突き進めると、ここに行かざるを得ない話です。

第5章

浸透の時代

2014〜2015年

〈この期間の主な出来事＆主な文房具商品名〉

2014

理化学研究所など日米の研究チーム、万能細胞（STAP細胞）の生成に成功したと発表。しかし直後、論文の不正が明らかとなり撤回／作曲家・佐村河内守のゴーストライター問題発覚／ソチオリンピック開催／「笑っていいとも」放送終了。31年間の歴史に幕／消費税、5％から8％へ増税／兵庫県議会議員（当時）野々村竜太郎、号泣記者会見が話題に／ベネッセコーポレーション、760万世帯分の顧客情報流出／ビザの大幅緩和や円安などの影響で、外国人旅行者の訪日が大幅増

カルカット（コクヨ）／**オレンズ**（ぺんてる）／**ケスペタ**（シヤチハタ）／**アラビックヤマト 色消えタイプ**（ヤマト）／**デルガード**（ゼブラ）／**オ・レーヌ シールド**（プラチナ万年筆）／**チタンGペンプロ**（ゼブラ）／**サクットカットヒキギリ**（ナカバヤシ）／**G-FREE**（セーラー万年筆）／**ジェットストリーム プライムシングル**（三菱鉛筆）／**完美王**（呉竹）／**ハリナックスプレス**（コクヨ）／**スウィングカット**（レイメイ藤井）／**Arch消しゴム**（サクラクレパス）／**フリクションスタンプ**（パイロット）／**ジャストフィット**（ゼブラ）

2015

ファミリーマート、サークルKサンクスを吸収合併。店舗数で業界1位のセブンイレブンと同規模に並ぶ／携帯電話、SIMロックの解除が義務化／佐野研二郎による2020年東京五輪のエンブレムが公開。直後に盗作疑惑を受け撤回／お笑いコンビ「ピース」の又吉直樹、自作の小説『火花』で第153回芥川龍之介賞受賞

テフレーヌ（キングジム）／**ボールサインノック**（サクラクレパス）／**STORiA**（セーラー万年筆）／**プレスマン［リニューアル］**（プラチナ万年筆）／**ソフトリングノート**（コクヨ）／**コンパクトパンチ**（リヒトラブ）／**デルプ**（マックス）／**フィラーレ**（ゼブラ）／**CHIGIRU**（ヤマト）／**くるくる・カールくん**（カール事務器）／**ユニボール エア**（三菱鉛筆）／**プロパス・ウインドウ クイックドライ**（三菱鉛筆）／**ペントネ**（カンミ堂）／**クルトガ パイプスライド**（三菱鉛筆）／**TSUNAGO**（中島重久堂）

YouTubeと文房具の関係

古川　それでは次の「2014〜2015年　浸透の時代」です。

他故　このあたりは昔という感じがしませんよね。もう3年も経ってるんだという気がまったくしない。

古川　今、「尖り続ける」「折れない」「ノックしなくても書き続けられる」といった「機能系シャーペン」が流行っていますが、そのブームの原点はどこかと考えた場合、僕は実は2008年に発売になった**クルトガ**ではなく、**オレンズ、デルガード**といった、2014年発売以降のものの影響が大きかったんじゃないかなと思っているんです。そしてこれを支えているのは、YouTuberや、YouTubeを観ているような人たちではないかと。

文具王　もちろん**クルトガ**も十分に影響力はあって、当時はあまりに売れすぎて生産がまったく追いつかなかったし、小学校や中学校のクラスによっては7割ぐらいの

クルトガ　三菱鉛筆のシャープペンシル。書くたびに芯が回転して芯先を尖らせる「クルトガエンジン」を搭載し、常にシャープな書き味を維持できる。

人が持っていたといわれているんですよ。

きだて 所持率7割で、認知率は10割みたいなすごい話ですよ。

文具王 あまりに売れたので、他メーカーもインスパイアされて開発に着手したに違いありません。

他故 すごかったですよね。

文具王 それに遅れること6年、**オレンズ**、**デルガード**も、登場間もなくブームになります。これはプレーヤーが増えたことで比較されて違いが分かりやすくなった部分があって、タイミング的には**クルトガ**がもはや語るまでもない巨大な存在になっていたところに、YouTubeブームと共に**デルガード**が登場したという

オレンズ　ぺんてるのシャープペンシル。現在発売されている中では、最も細い0.2ミリ芯が折れずに書ける「オレンズシステム」を搭載。

デルガード　ゼブラのシャープペンシル。強い筆圧をかけると軸内部から金属パーツが飛び出してきて芯を守るなど、徹底したガード機構を備えた「折れないシャープペンシル」。

のは大きいです。

古川 これはたぶん、YouTubeというプラットフォームを土台にして支持されているのではないかと最近思っているんです。つまり、僕らの時代には僕らの時代なりのメディアに乗って売れるものがありましたよね。今の若い子にとってそれは何かなと考えたときに、例えばYouTubeであったり、そこで紹介しやすくてさらに自分たちの身近な道具でもある、こういう機能系シャーペンだったりするのかなと思うんです。

きだて 例えば、我々世代が20代後半ぐらいだった時期に何かものを買おうとしたとき、「2ちゃんねる」の該当する板を見て評判を調べる、みたいなことはしませんでした?

古川 ネットの口コミを見るというのは、あったかもしれない。

きだて たぶんそれが今の中高生にとっての、YouTube的なものなんじゃないかと思ってたんだけど。

文具王 今のYouTubeは、もう少しカジュアル寄りかな。

他故 そこまで能動的じゃなくて、子どもたちは受動に近い感覚でYouTubeを観ている。その中で面白いと思った動画の中に、シャープペンシルが含まれているというレベルでは?

古川 YouTubeはテレビに近いんでしょうね。

きだて　そうなのか、YouTubeの情報はプル式じゃなくてプッシュ式なんだ。向こうから勝手に送られてくるんだ！

古　川　もうひとつYouTubeの話で告白すると、はじめしゃちょーなど有名YouTuberの文房具紹介トークが小中学生に人気というのを、我々は当初見逃していた、もしくは若干軽視していたかもしれないですよね。

きだて　ズバリ言うと軽視していました(笑)。ここまで影響力があるとは思ってなかったし、舐めててごめんなさいって感じです。でも実際に今でも、YouTuberの人たちの文房具紹介を見て納得いったことはないんですよ。今、目の前の中学生がうなずいてますけど、君らリアルタイム世代だろ〜！

お客さんE（中学生）　あまり納得はできてないです。

きだて　納得できてない？

お客さんE（中学生）　買えば分かるというものしか出ないから。

きだて　ね！　機能的にはプレスリリース丸読みで、あとは外観のことだけ「かっこいいですよね」って褒めて、「ぜひ使ってみてください」ってどうでもいい締め方で終わるとか。僕が見た中でベストどうでもいい文房具動画賞は「シャープペンシル開封の儀」って動画で、単にブリスター開けるだけだった。

文具王　つまり、僕らの知らない情報や付加価値のあるニュースだったりするわけではなくて、仲間のノリの共有みたいなもので。僕自身は長年この業界でいろいろと積み上げてきたつもりなんですが、残念ながらその蓄積をあっという間に追い抜いていくパワーを持った人たちがあそこから出てくるわけです。それはすごいことで、はじめしゃちょーなんて僕らより桁2つ3つ上の閲覧数を稼いでる。そういうのを見ていると、情報発信のやり方も含めていろいろなことが変わってきてるなとは感じます。

きだて　文房具を真面目に実用品ととらえて考えている僕らはもう古いのかもしれなくて、今はノリで文房具を使うみたいな傾向がすごくあるように感じます。実際、閲覧数の多い文房具紹介動画を観てみると「俺も買った」「それ持ってる」みたいなコメントがすごくたくさんついていて、そういう連帯感とか共感性がポイントなのかなあ。僕らは「まだ知らなかった情報」に価値があると思っていたけど。

文具王　中には**スマッシュ**(*1)みたいに、廃番寸前だったところを動画で紹介されたことで一気に盛り返してすごい勢いになったこともあったりして。あれは本当に書きやすいよ、という良さがきちんと伝わったからだと思うんです。なので、伝え方もだいぶ変わったのかなと。

きだて　そうだとすると、今YouTube経由で情報を受け取っている人たちは、僕らが発信しているものではないものを求めている可能性もあって、その辺はもう少し僕らも考えないといかんですよね。

【注】
***1……スマッシュ**　ぺんてるのシャープペンシル。プロユースの製図用シャープであるグラフ1000の一般向けモデルとして1986年に発売。廃盤寸前だったが、2013年にYouTuberのはじめしゃちょー氏が動画で「最強シャープペンシル」と紹介したことから改めて大ブレイクした。

他　故　僕らが何かを発信することとは、意味が違う。

文具王　今度、**フエキ糊**(*2)を山ほど買ってきて、お風呂をつくって入ってみる？

きだて　なんだろう、それは別に普段から「デイリーポータルZ」(*3)でやっていることとあまり変わらない気がする（笑）。

文具王　あと、これまで僕らはブログやTwitterみたいな静止画のメディアを使って情報を発信してたけど、それが今は動画中心になったのが結構大きいかな。それこそ『SmaSTATION!!』とかテレビに取り上げられるようになって以降、文房具の開発において「動画映えするかどうか」がヒットするしないに関わる非常に重要なファクターのひとつになってきたと思う。**デルガード**は芯ガードが飛び出す動きの面白さや驚きがあったたし、**ネオクリッツ**が爆発的に流行ったきっかけは、テレビでフタをペロンとめくった動画が流れた瞬間なんですよ。そう考えると、動画で盛り上がるような要素、意外な動きをしたり変形するようなことはすごく大切。見た目に面白いってことは、絶対に動画での拡散に影響を与えているはずです。

古　川　このあたりで、文房具ブームの広がり方や質がだいぶ変わってきた気はしますね。

***2……フエキ糊**　不易糊工業のでんぷん糊。黄色いチューブでおなじみのでんぷん糊は、天然のコーンスターチを原料とし、キンモクセイの香料で香り付けされている。

***3……デイリーポータルZ**　東急イッツコムが運営するおもしろ読み物サイト。きだてがライターとして参加しており、「ボールペンに最適なパンは何か調べ」「特撮のロケ現場で爆破をバックに結婚写真を撮る」といった記事を寄稿している。

シャーペンから見える子どもの世代感

古　川　それと、これは僕の仮説なんですが、若い子たちが今の機能系シャーペンを自分たちのプラットフォームであるYouTubeと共に愛でるのは、彼らが「これは自分たち世代のものだ」という意識を持っているんじゃないか、ということです。
シャーペンというもの自体は古くからあったけど、芯が折れやすいというあからさまな欠陥を抱えたまま使われ続けていた。ところが今、その欠点がどんどん補われて次世代シャーペン的なものに切り替わっていく流れを動画で観て、自分たちの目の前でイノベーションが起きていることにすごく興奮している、というのが結構大きいんじゃないかと。

文具王　それは僕らの頃にもあったよ。80年代後半組としては、当時中学生だった頃に『BTOOL（ビー・ツール・マガジン）』が出てきて、ちょうど**ガチャック**(*4)や**ゲージパンチ**(*5)、**テプラ**と、立て続けにイノベーションが起こるところにいた。

きだて　『BTOOL（ビー・ツール・マガジン）』っていう時点で、イノベーションが起きてる範囲が狭い（笑）！

文具王　そうなんだけど、ものでイノベーションが起こっていることは当時もあったし。

古　川　それが今、機能系シャーペンの世界で、彼や彼女たちの目の前で起きているん

***4……ガチャック**
オートのクリップディスペンサー。金属板のガチャ玉クリップを使用し、紙に穴を開けずに綴じることができる。

***5……ゲージパンチ**
カール事務器のパンチ。書類に9・5ミリピッチのルーズリーフ用穴を開け、ルーズリーフバインダーに綴じられるようにするもの。

でしょうね。

きだて　さらに言うと、文具王の言う80年代とは違って、彼らの世代言語もしくはジャーゴンといえるほどに「折れないシャーペン」が現在進行形で普及している。たぶん僕らの世代でいう**マチック筆入**(*6)と同じ感じで、世代を表現するシンボルとして今後語り継がれていくはずなので、そんなの熱狂するのが当たり前なんだよね。

文具王　どんなに踏んでも壊れない**アーム筆入**(*7)と、どんなに力を入れても折れない**デルガード**という対比が面白いなと思って。ちなみに**デルガード**以外のシャーペンは「こう使うと折れません」という説明書きがパッケージに付いてるんですよ。そりゃ**オレンズ**もそれなりに折れないけど、それはちゃんとした使い方や作法があっての話で、でも**デルガード**は、かなり無茶をしても折れない。

他故　容赦なく折れないいんですよね。

文具王　あのパワフルさは、説得力が大きかったよね。

きだて　昔は「クラスにひとりぐらい、アーム筆入を無理やり壊そうとしたヤツいたよね」というのが年代あるあるネタだったけど、あと10年後ぐらいには「デルガードの芯、無理やり折ろうとしたヤツいたよね」が同じ文脈で語られるはずですよ。

他故　むしろ芯じゃなくて、ボディが折れるのではないかと。

古川　今から思うと**デルガード**のポテンシャルの高さは最初から分かっていたけど、

***6……マチック筆入**　サンスター文具の筆箱。磁石で蓋の開閉ができる。裏表が開く両面マチックに続き3面、4面マチックの登場により、70年代～80年代前半にかけて小学生に大ブームを起こす。販売された最大のものは9面マチック。

***7……アーム筆入**　サンスター文具の筆箱。衝撃に強いポリカーボネートを素材とした頑丈さと、60年代に放映された「象が踏んでも

文具王　ちょっと見誤っていたというか、過小評価していた気はします。**オレンズ**は、どちらかというと**クルトガ**よりずっと前からあった技術でつくられているんですが、**デルガード**は明らかに**クルトガ**の影響を受けたあとで、そこからさらにアンチというかカウンターとして突き進んでいる。あとから出てきた製品というのは、だいたい最初のものに勝つのは難しいんですよ。でも**クルトガ**と**デルガード**に関しては、いい勝負になってるんですよね。

他　故　健全だし、理想的な競争ですよね。

文具王　でも、それで**クルトガ**がシェアを失うかというとそんなことは全然なくて。**デルガード**が出る前から、すでに**クルトガ**は世代的スタンダードの位置を獲得しているから。

古　川　僕らからすると**クルトガ アドバンス**(*8)が出たのは、すごく早いと思ったんです。「**クルトガ**が出てからまだちょっとしか経っていないのに、もうリニューアルするの？」みたいな。

きだて　いや、だって小学生のときに発売されたばかりの**クルトガ**を使っていた子が、もう中学生、高校生になってるから。

文具王　学年や学校で考えて6年といったら、小・中学校が終わっちゃう。

古　川　そう、入れ替わっちゃってるんですよね。

文具王　僕ら大人からしたら流れとしてつながっているように見えてるけど、**クルトガ**

壊れない」のテレビCMで大ブレイク。モデルチェンジを重ね、いまだ現役のロングセラーでもある。

*8……**クルトガ アドバンス**　三菱鉛筆のシャープペンシルクルトガの次世代モデル。一画ごとに芯が9度ずつ自動で回転するクルトガエンジンが倍速（18度）のWスピードエンジンにバージョンアップ。より早く芯をとがらせるので、偏減りしやすい文字も一定の描線幅でキレイに書くことができる。

世代と**デルガード**世代って、時代として別物なのかも。**マチック筆入**と缶ペンケースぐらいの世代差はある。

古　川　それはそうなのかもしれませんね。

きだて　たぶんそんな感じだよね。

古　川　今までの文房具のペースとは違うタイムスケールが、今のシャーペン界では動いていると。

きだて　折れないシャーペンのイノベーションによって、大人からは見えにくいタイムスケールが可視化されたということなのかな。もちろん我々も子ども時代は同じような時間の流れの中で動いていたはずなんだけど、当事者だったときは分からないもんで。

古　川　**クルトガ アドバンス**が出たとき、**クルトガ**なんてまだ全然新しいのにと思ったけど違うんだ、世代が変わっていたんだと。

きだて　あと、**クルトガ アドバンス**と先代の**クルトガ パイプスライドモデル**(*9)は、同じ倍速クルトガエンジンを積んでいるのに何が違うんだという話ですけど。

文具王　**デルガード**の破壊力が強すぎたので、**クルトガ**もパワーアップで倍速機構を入れて、さらに**デルガード**世代の子らにアピールするべく**クルトガ アドバンス**に名前を改めた、と。これは**デルガード**が、よほど脅威だったということなんですよ。

*9……**クルトガ パイプスライドモデル**　三菱鉛筆のシャープペンシル。従来のクルトガの特長を継承しつつ、1ノックで長時間書き続けられるパイプスライド機構を搭載。

*10……**完美王**　呉竹の筆ぺん。常に最適な量のインクが穂先に供給される構造で、カートリッジを押さなくても安定した筆記ができる。

きだて なるほど、そういう流れか。

カウンターの時代と文房具売り場の変化

文具王 話をもとに戻しますが、２０１４年に出ている商品って、実はそれよりも前に出たものに対してのアンサーだったり、改良型だったりするんですよ。

古川 2サイクル目に入ったということでしょうか？

きだて 確かにそうですね。

文具王 **完美王**(*10)あたりは新しい動きのような感じがするけど、**デルガード**と**オレンズ**は**クルトガ**に対するアンサーだし、**カルカット**(*11)も**直線美**(*12)へのアンサーですよね。**オ・レーヌ シールド**(*13)は自社の**オ・レーヌ**(*14)の改良版で、**サクットカットヒキギリ**や、**スウィングカット**などのはさみは明らかに……。

きだて **フィットカットカーブ**の流れで。

文具王 だからそうやって考えると、ほとんどのものが何らかか意識している相手がいて、それに対しての改良版、あるいは何かしらのカウンターなんですよね。

古川 そうですね。要は２００７年、２００８年に筆記具が大爆発してものすごく盛り上がったものが、一度鎮静化している時期ではあるんですね。その余波をどうこれから次の段階に広げていこうかという、模索が始まっている時期とい

***11……カルカット** コクヨのテープカッター。特殊形状のカルカット刃を搭載。テープが軽い力で切れ、さらにテープの切り口もギザギザせずフラットになる。

***12……直線美** ニチバンのテープカッター。新設計の刃でテープが軽く切れ、テープの切り口もまっすぐで美しい。

う言い方ができますね。

文具王　文房具がいけるぞとなってきた最初の頃は、減速する景気の中で自分の商品を見直すところから始まり、その試みから爆発的にヒットするものが出てきたという流れで。それがある程度一巡して、既存に対するカウンターが登場するのがこの時代なんですね。影響を受けても、商品開発には数年かかるので。

きだて　僕の肌感覚なんだけど、「文房具が趣味です」と自称してもけげんな顔をされなくなったのが、だいたいこの前後だという気がしているんですが、どう?

古川　そこはおそらく、文具ソムリエ、文具ソムリエール、文具小学生といった、文房具の紹介をする個人のメディア露出が増えたこととも関係ありそうですね。

文具王　確かに増えましたね。あと、そのひとつ前の「文房具ブーム襲来」のあとぐらいから、ベンチャーの文房具メーカーが増えました。

きだて　ひとり文房具メーカーとか、そのあたりですか。

文具王　ひとりメーカーとか、あとはもともと印刷屋さんだったところがオリジナルブランドを立ち上げるとか、そういう小規模なところが多いんですけれども、企画やアイデアメインで立ち上げる小規模な文具メーカーみたいなものがすごく増えるんです。

古川　あと、これは資料にはないんですが、この時期から文房具売り場も大きく変化しますね。「代官山 蔦屋書店」(*15)が2011年にオープンして、書店がセレク

*13……**オ・レーヌシールド**　プラチナ万年筆のシャープペンシル。前モデルであるオ・レーヌより1.5倍、従来の一般的なシャープペンシルの15倍芯が折れにくい。

*14……**オ・レーヌ**　プラチナ万年筆のシャープペンシル。耐芯構造の「オ・レーヌ機構」により、落とした時の落下衝撃耐性は一般的なシャープペンシルの約10倍。

トした文房具売り場をつくり始めることが、このあたりから目立ってきたんじゃないですかね。

文具王　これは書店が立ち行かなくなっている状況があって、そこに文房具ブームが来た、ということですね。そもそも書籍は返品可能というリスクの低さの代わりに粗利が非常に低い商品なんです。書籍と文房具は似ているようで商売の仕組みがまったく違っていて、文房具を売るほうが利益率が高いので、書店も文房具を扱いたい。書籍のお客さんはもともと文房具とも相性がいいですしね。

きだて　前から地方の大型ロードサイド書店だと、文房具を一緒に商っている率が非常に高かったんですが、そのメソッドがついに都会に来たなという感じで。「蔦屋書店」で文具を売っているのを見ると、おしゃれな「大垣書店」(*16)じゃないかと(笑)。

文具王　セレクトの文房具ショップも増えましたよね。そういうお店が、雑貨店ではなく文房具店と名乗るようになりましたもん。

古　川　メディアで始まったものがいよいよエンドユーザーに近づいてきたというか、売り場レベルまで下りてきたというのがこの時期ですね。例えば『旬刊ステイショナー』(ステイショナー)という業界紙が毎年、年間文房具ニュースを発表しているんですが、それまでの数年は「メディアでの文房具ブーム」が1位だったのが、このあたりから「文房具売り場の再開発が始まる」というような

*15……**代官山 蔦屋書店**　カルチュア・コンビニエンス・クラブ株式会社が、新たなTSUTAYAとして東京・代官山に展開する店舗。本は洋書や海外の雑誌、ヴィンテージものまで扱い、さらに音楽・映画・文具のコーナーやラウンジもあり、知識豊富なコンシェルジュが在籍するのも特長。

*16……**大垣書店**　主に近畿地方で展開している書店。京都府に本社があり、創業は75年を超えた。

ニュースが上位を占めるようになってきました。

文具王　それこそ郊外型の大型店舗を複合で建てている「コーチャンフォー」(*17)や「蔦屋書店」もそうですけど、広大な敷地に書籍、ＣＤやＤＶＤ、カフェなんかを複合して大型店舗をつくるとき、必ずその一角を文房具が占めるようになってきているんです。

きだて　僕らに言わせれば、これこそ欲望にまみれたソドムの町ですよね。文房具があって、本が買えて、しかもそのあとにカフェで買ったばかりの文房具をゆったり眺めて。

文具王　手紙を書いたりできるコーナーがあったりもする。

きだて　風俗ビルか、というぐらいじゃないですか！

古　川　いやらしい！

きだて　なんていやらしい建物なんだ！　と。

文具王　そういう文房具を扱っている施設は、友達と待ち合わせたりデートスポットとしても人気なんですよ。お金をあまり使わずにダラダラできるじゃないですか。それはすごく重要ですよ。

きだて　群馬県に「Ｈｉ―ＮＯＴＥ」という、それこそロードサイド系の大型文房具店があるんですが、土日には駐車場に家族連れの車がワッと乗りつけて、家族みんなで文房具を物色して回るという光景が見られます。

***17**……**コーチャンフォー**　北海道で展開している、全国最大規模の商業施設。「Coach & Four」とは「4頭立ての馬車」という意味で、書籍、文房具、音楽・映像、飲食を表しており、これら商品が充実した複合店となっている。

他　故　週末に小学生の子どもを連れて文房具店に車で行く、ということは本当に多いですよね。

文具王　そこで子どもを放牧にしておくんですよ。「4時にまた集合ね」みたいな感じにして、お母さんは横のカフェでママ友と話している。

古　川　ああいう地方の大型店は店と店との距離が離れすぎていて、自転車やバイクすら走っていないこともありますからね。車を使うしかない。初めて行ったときは本当にびっくりしました。

きだて　地方はそんな感じですよね。あと、宮崎県の「デサキ」という文房具店は、カフェと焼きたてパン屋とパチンコ店で巨大駐車場を共有しているんですよ。だから、土日に家族で行くと、お父さんはパチンコ、子どもは文房具で、お母さんはカフェに行くんですよ。あれは完全に欲望都市ですからね。羨ましい！

文具王　しかもあそこは、店内にプチプラのコスメとかギフト雑貨もあるし。

きだて　家族全員、誰からもノーが出ない、みんなが行きたいお店ですよね。

文具王　暇つぶしをする場所として最適だし、レジャーランドとは違って文房具店はお金をかけなくても、そこそこ楽しめるじゃないですか。子どもがお小遣いの範囲でちょこっと買えたり楽しめたりするのはいいですよね。不景気のせいということもあると思うんですけど、そういう店が増えましたよね。

きだて　2014年前後にあちこちできたなという印象です。都内だと「コーチャンフォー若葉台店」ができたのはたしかこの年でしたよね。

文具王　施設が増えたり、メーカーが増えたり、小売店で文房具をセレクトした店が増えるのは、明らかにそれが市場として成立しているゆえだということがあるからじゃないですか。

きだて　というのは？

文具王　小さい会社や個人が、オリジナルブランドをつくって新しい文房具を発売するような、ニッチな製品でも戦えるようになった。昔みたいに大手メーカーじゃないと話にならない市場ではなくなってきたんですよ。YouTubeやブログ、SNSなどを使って、極端にいえば個人を狙い撃ちにしてもうまくやっていける。いろんな戦い方のバリエーションが増えたというのはあると思います。

きだて　ちなみに今回リストからは漏れちゃってますが、この前後の付箋ブームというのも今、文具王が言ったような道筋で起こったんです。要は、金型を使わず安くつくれて……。

文具王　言っちゃった！

きだて　利益率が高い付箋を、個人や印刷屋さんがメーカーを立ち上げてつくるという流れ。国内だけじゃなく、台湾や韓国でも付箋はかなりアツいことになってるよね。

文具王　小規模のところは大がかりな開発ができないから、いきなりボールペンとかはつくれないわけですよ。なので、出てくるのは紙製品か革・布製品なんです。革・布製品は、少数でも大ロットでも手作りだから原価があまり変わらないし、紙製品は印刷だから金型などの投資が小さいので、小規模で回しやすいということもあります。なので、小さいメーカーの製品はだいたい布か革か紙です。特に付箋は小さいパッケージでも６００円くらい取れたりするので、結構大きいですよね。

他故　なかなか、いい値段だよね。

きだて　紙がちょっとで、お金になるからいいんですよ。

文具王　もちろん、それなりにいろいろと大変なんですよ。でも、いきなりプラスチック成形で**ハリマウス**(*18)をつくることに比べたら全然楽ですから。

他故　確かに。

きだて　ハリマウスさんは、ものすごくがんばってるよね〜。

文具王　ああいう商品は、ものすごい資金をかけて1個しかつくれない。でも紙製品はすぐつくれてどんどん試せるから、そういう意味では中小向きなところはありますね。だから付箋は、アイデアや製品の出方がだいぶ変わりましたよ。

*18……**ハリマウス**　ハリマウスの片手で素早く貼れるセロハンテープ貼り器。貼付面に本体を押しつけて引くとテープが貼れ、離すと自動でテープカットがされる。そんな便利な機構をコンパクトなボディに搭載している。

改めて実感する大手メーカーの基礎体力

古　川　２０１５年はいかがでしょうか。

きだて　２０１５年ともなると最近すぎて言うことがない。２０１５年なんて、僕らおじいちゃんにとっては4時間前ぐらいの出来事ですよ（笑）。

文具王　本当に落ち着きましたよね。年表のアイテムだと、**ボールサインノック**[*19]は、サクラクレパスが本当に長いこと育ててきた製品を、きちんと丁寧にデザインし直したという感があります。

きだて　おなじみのボールサインをノック化したんだけど、見た目はガラッと変わったよね。

文具王　あと、**ソフトリングノート**[*20]は、普通にいいですよね。

古　川　僕は、やはり大手は強いなと思った年でしたね。

文具王　このあたりで、また大手の強さが出てきましたよね。コクヨとか。

きだて　近年、文具メーカーがすごく増えたけど、いざパイの取り合いになったときは基礎体力の差というか、背の大きいほうが殴り合いは強いじゃないですか（笑）。そういう開発力とか資金力の差が出たかなと。

古　川　個々のクオリティーの追い込み方や、完成度が高いこともありますね。

きだて　不況のさなかにじっくりつくり込むなんて、やっぱり基礎体力がないとできな

*19……**ボールサインノック**　サクラクレパスのゲルインキボールペン。世界初の水性ゲルインキボールペンであるボールサインのノック式モデル。デザインもプロダクトデザイナーの柴田文江氏により一新され、外見は従来とは完全に別物となっている。

*20……**ソフトリングノート**　コクヨのリングノート。独自の柔らかな樹脂製リングを採

いじゃないですか。以前から僕が言い続けてることですが、コクヨは品川の本社地下に油田が湧いている、というウワサが……。

文具王 また都市伝説（笑）！

きだて というわけで、「浸透の時代」なんて落ち着いた章題にしちゃいましたけど、俯瞰してみると意外と戦乱期だったなという時代でした。

用し、筆記具を持った手がリングに乗り上げたときの不快感を解消した。

第6章

文房具新世
2016年〜

〈この期間の主な出来事＆主な文房具商品名〉

2016

共通番号制度（マイナンバー）が運用開始／秋本治『こちら葛飾区亀有公園前派出所』40年間にわたる連載終了／小池百合子、東京都知事選で勝利／今上天皇が生前退位問題に対するお気持ち（ビデオメッセージ）を国民に向けて発表／ドナルド・トランプ、米大統領選で勝利／SMAP、大晦日に解散／ピコ太郎『PPAP』が世界的なヒット／『シン・ゴジラ』『君の名は。』『この世界の片隅に』などの邦画大ヒット／小学生の「将来なりたい職業」にYoutuberがランクイン

エナージェルフィログラフィ（ぺんてる）／**ペンサム**（キングジム）／**ネオクリッツフラット**（コクヨ）／**MONO AIR**（トンボ鉛筆）／**サラサグランド**（ゼブラ）／**SMART FIT ACTACT スタンドペンケース**（リヒトラブ）／**レターオープナー アケルンダー**（リヒトラブ）／**テープノフセン**（ヤマト）／**ダウンフォース**（パイロット）／**デルガード タイプER**（ゼブラ）／**サラサドライ**（ゼブラ）／**ウィズプラス**（コクヨ）／**DELDE**（サンスター文具）／**ユニボール シグノ 307**（三菱鉛筆）

2017

村上春樹の約7年ぶりの長編小説『騎士団長殺し』が発売／特許庁が定める「色彩商標」第1号として、セブンイレブンの「白地にオレンジ・緑・赤のストライプ」、トンボ鉛筆「MONO」消しゴムカバーの「青・白・黒のストライプ」が登録される／大阪府豊中市の国有地が、鑑定価格より低く売却されたことをめぐる森友学園問題

モーグルエアー（パイロット）／**アドバンス**（三菱鉛筆）／**ノリノプロ**（プラス）／**ピットエッグ**（トンボ鉛筆）／**オレンズネロ**（ぺんてる）／**X SHARPENER**（カール事務器）／**ユニボール R:E**（三菱鉛筆）

文房具の高級バージョンと新たな模索

古　川　ここからは「2016年〜　文房具新世」、つまりまさに今とつながっている2016年以降の話をしたいと思います。

きだて　まず、なぜ「新世」という表現をしたかといいますと、文房具の購買を主にする層、つまり小学生、中学生、高校生がさっき言った第4世代にすっかり入れ替わったということでして。ぶっちゃけ言うと、僕たちが理解できない世代が文房具を買っているという状態です。

文具王　なになに？　まさかの引退宣言!?

きだて　引退はしないけど（笑）。でも、ここから先は売れるものの予想が今までのようにはできなくなってきたな、という気持ちも若干あります。

文具王　この時期、年表のリストで目立っているのは、過去の製品の値段が高いバージョンですね。過去のカウンターは前にもありましたけど、こちらは高級化。

きだて　**サラサクリップ**の高級版で**サラサグランド**[*1]とかね。

文具王　これはようやく景気が良くなってきたという証拠なのかな？　〝いいもの感〟を出そうとしてきている。

きだて　でも、いいもの感と言いつつ、2000円は超えてないでしょ？

【注】
*1……**サラサグランド**　ゼブラのゲルボールペン。サラサクリップのデザインを踏襲した高級バージョン。通称、大人のサラサ。

文具王　まぁ、たまに３０００円超えがあるくらいだね。

きだて　**オレンズネロ**は３０００円か。必要かつ、いいものはいいということで、その高級版をつくるようになったんですかね。

他故　ちなみに**オレンズネロ**のような高価なシャーペンは、小学生や中学生は自分のお小遣いで買ってるんですか？

文具王　そうだと思うよ。

古川　３０００円くらいだと、誕生日だったり、テストの点数が良かったり、イベント事などで親に頼める値段ですよね。いまだに店頭では品薄ですが。

他故　ないですよねー。「どこどこに入荷しました！」という情報がTwitterでワッとリツイートされている状況です。

きだて　「Nintendo Switchが品薄で」とは、ちょい意味が違いますね。Nintendo Switchみたいに一挙に生産・出荷される工業製品とは違って、単純につくるのが難しいからちょっとずつしか出せないんですよ。なので、たぶんこの品薄

オレンズネロ　ぺんてるのシャープペンシル。「すべてのシャープペンシルのフラグシップ」を目指してつくられたオレンズシリーズの高機能版。極細芯が１ノックで１万字以上書き続けられる自動芯出し機能や、樹脂と金属のハイブリッド軸などが特長。

文具王　状態はしばらく続くと思いますよ。

古　川　店頭で実演販売をしているときに、カウンターで「オレンズネロは、いつ入るんですか？」って問い合わせしてる場面をよく見ますが、だいたい中学生や小学校高学年の子たちです。

文具王　シャーペンは小学生や中学生の男子が本当によく買っていますよね。

他　故　小学生、中学生の子どもたちにとっての文房具って、もちろん僕らの時代でも注目されたし自慢できるアイテムだったんだけど、学校の中で３０００円クラスのものが誇示されている状況って、おそらく後期の**マチック筆入**以来じゃないかなあと。

文具王　学校の中でみんなに見せ合うレベルなのか、あるいはTwitterとかネットにアップするレベルで自慢しているのかな？　見た目はそんなにインパクトのある製品ではないんだけど。

他　故　今まではしばらく、お小遣いといえばパケット代やゲーム代に消えていたと思うんですけど、そのお小遣いの持っていきどころに文房具が這い上がってきたというのは、かなり大きいことだと思いますよ。

もう少し上の世代の話をすると、社会人になった人が文房具を購入する際に、以前から使っていたものの高級バージョンを選ぶということもありますよね。**サラサ**ユーザーがそのまま**サラサグランド**に流れたり、**エナージェル**も**エナー**

ジェルフィログラフィ(*2)があるし。新社会人の給料でも3000円ぐらいのボールペンなら買える、とかね。そういう層の受け皿として機能しているのは、あるかもしれないね。

文具王 ここ10年ぐらいの文房具で育った人たちが、大人になったということですね。

他故 もう学生じゃないから、書き味は同じかもしれないけどちょっといいもの、とか、見た目だけかもしれないけど、ちょっと落ち着いたものが欲しい、とか。

古川 基本的にお金を出す人たちのボリュームゾーンはどんどん上がっているし、それに合わせてモノも高級化してるんでしょうね。

他故 確かにそんな流れは見えますね。

文具王 その一方、今の中高生はシャーペンを通して文房具に過熱している面があって、第4世代の人たちがそのあたりにいます。だから今の高級文房具というのは、先の文房具メディアブームの頃に学生だったり子どもだったりした人たちに向けられたものなんですかね。

きだて とすると第3世代の人たち向けの感じですね。じゃあここでひとつ、ちょっとだけヒット予想というか、今後出るであろう製品予想をすると、**サラサ**に対しての**サラサグランド**みたいに、**コレト**や**スタイルフィット**の高級版は出そうですよね。

古川 カスタム系ボールペンの高級路線ですね。

*2……**エナージェルフィログラフィ** ぺんてるのゲルボールペン。エナージェルの高級バージョン。

きだて　惜しむらくは、**シャーボX**はちょっと早かったなと。

文具王　だから、今後は多色高級カスタムボールペンというものが、まず間違いなくくるはずですよ。

きだて　**シャーボX**は早すぎたぐらいだね。

古　川　しかも、おそらくは女性をターゲットにしてくると思いますね。と同時に、２００７年、２００８年に始まった**フリクションボール**や**ジェットストリーム**の余波が10年間続いた時代でもあったと思うんですが、それがようやく本当の意味でひと区切りがついた気がします。その証明として、例えば**ユニボール シグノ 307**(*3)や**サラサドライ**(*4)、２０１５年の**ユニボール エア**(*5)のような、低粘度油性ボールペンの戦場で戦おうとしないボールペンが現れました。

きだて　流行の魚介豚骨を避けてベジポタ系で勝負みたいな。つけ麺屋の話ですが。

古　川　ボールペンの中に違うジャンルを改めて立ち上げようという姿勢が、２０１６年ぐらいからはっきり顕在化してきましたよね。

きだて　そういう意気込みを、特に三菱鉛筆から感じるのはいいですよね。だって三菱の社内でも、いつまでも**ジェットストリーム**にばかり頼っていられない、みたいな雰囲気はあると思うんですよ。

古　川　そろそろ次の手を打たないと、みたいなね。それはあってしかるべき姿勢ですよね。

***3……ユニボール シグノ 307**　三菱鉛筆のゲルボールペン。インクにセルロース・ナノファイバーを世界で初めて配合し、速書きでもかすれず、インク溜まりができにくい。

***4……サラサドライ**　ゼブラのゲルボールペン。紙への浸透性が高い新開発の超速乾性インクは、書いてからインクが乾くまでの時間を約85%に短縮した。

他　故　ただ**ユニボール エア**以外、例えば**ユニボール シグノ 307**は北米に対しての製品なはずなので、国内のことはそこまでは考えていないんじゃないですか?

きだて　そうなのかなぁ。

他　故　ヨーロッパや北米という地域は、一般的に水性ボールペンがよく売れている地域なんですけど、中でも北米はちょっと特殊な感じで、いわゆるゲルインクより水性ボールペンが強い。もちろん油性もあるんだけど、それでも水性のほうが人気です。でも、あちらの筆記具メーカーには低価格帯のものがそんなになくて、結果的にパイロットと三菱鉛筆が戦っているような状況なんです。

古　川　北米で、へぇ〜!

他　故　その北米の戦場に、**ユニボール エア**や**ユニボール シグノ 307**みたいな新しい製品を突っ込んでいるということで、実は海外での戦いというのは、僕らに見えないところでものすごい争いになってるんじゃないかという気はしますね。

文具王　それは国内だと見えにくいなぁ。

他　故　高価格帯であれば、ヨーロッパにはいろいろなメーカーがありますよね。でもそれは筆記具の性能オンリーの戦いではなくて、伝統だったり加飾の戦いだったりする。日本のメーカーは性能で勝負しているけど、日本国内なら100

***5……ユニボール エア**　三菱鉛筆の水性ボールペン。筆圧に合わせて線幅をコントロールできる特殊構造のペン先は、従来のボールペンでは難しかった、とめ・はね・はらいといった終筆の表現も可能にした。

文具王

円で買えるものでも、アジア圏とかだと輸送費なんかがのっかって、すぐ４００円ぐらいになっちゃう。つまり日本だと低価格帯でも、海外に持って行くと中価格帯になってしまう。なので、中価格帯のものが買える層の人たちに「こんなにすごいペンですよ」と売ろうとしているわけです。

もちろん、もっと収入の低い人たちにどういうものを売ろうかという戦略も日本のメーカーは考えているはずなので、そういう技術がまた日本に戻ってきて、さらにいいものができる、というプラスの循環になっていくかもしれません。

海外からの旅行客の爆買いはそろそろ収束しましたけど、でも市場の話だと日本はやっぱりガラパゴスなんです。これは非常に難しい問題なんですが、それこそ海外で勝負できている文房具メーカーはパイロットや三菱鉛筆みたいな、ごく一部のメーカーです。ほとんどのメーカーはそれほど規模も大きくなくて、創業者家系がずっとやってるみたいなところも多いし、最近出てきたベンチャーメーカーは言うに及ばずで。そんなところが海外に向けて展開する……要するに海外事業部や海外支店をつくるなんてことは、正直難しい状況なんです。

これからは間違いなくクールジャパンの時代になると思っていますが、アニメなどはそのままデータ配信できるけど、文房具は製品そのものを現地に送らないといけない。それこそ輸送費で１００円のボールペンが４００円になっちゃうし、また各メーカーの規模も小さくてバラバラなので、これを集めて外に出すということが流通上すごく難しいんですね。そういうことも含めて、日本は文房具的に世界一高度な文明を持ったすごく狭い場所なんです。

きだて 組み上げた石垣にカミソリの刃が入らないようなすごい都市をつくり上げたけど、他の地域と交易してないから貧乏、みたいなね。

文具王 大量にドカンと売れる海外をベースにしてるところとは事情が違う。そこが日本メーカーの面白さではあるんだけど、危うさでもある。

ブング・ジャムが個人的に好きなシャーペン

古　川 話は大きく変わりますが、お三方は機能系シャーペンで個人的に気に入っているものはありますか？

きだて **デルガード タイプER**ですね。

文具王 お〜。

古　川 逆さにすると消しゴムが出てくるやつですね。

きだて 僕はシャーペンの消しゴムをわりと積極的に使う派なんですよ。性格的に忘れ物が多いので、消しゴムが筆箱に入ってないなんてことが大人になった今でもあって。さらに言うと、シャーペンの消しゴムを使おうとしてキャップをはずすと数秒後にはそれを紛失しちゃう派でもある（笑）。
そのような資質を鑑みると、消しゴムだけでも**デルガード タイプER**は僕の明確なアンサーなんですよ。だから、僕はもう一生これでいいと言えるぐらいに好き。あと、壊れないし。

文具王 僕は**オレンズ**が登場する前から0・2ミリ芯を使っていた人間だし、力加減をして当然という製図用シャーペンを使っていたこともあって、**デルガード**のシステムが効力を発揮する前に、自分自身でセーブしてしまうんです。

きだて それも分かる。

古　川 セーフティ機構が自身に内蔵されてると。

文具王 そうですね。折れそうってなったときに、自分の手がそれを感じてしまうのでセーブできる。なのでその意味でいうと、僕として使って気持ちいいのは**クルトガ ローレットモデル**。0・5ミリの中身を0・3ミリに入れ替えて使っています。

古　川 はいはい。

デルガード タイプER　ゼブラのシャープペンシル。芯が折れないデルガードに、軸を逆さにすると消しゴムが出てくるデルイレーサー機構を搭載。

文具王　0・3ミリのクルトガがなかなかの万能選手で、要は細い芯でもクルクル回って折れにくく、使っていても芯の太さがほぼ変わらない。やはり**クルトガ**は、普通に文字を書くのが楽です。

古　川　あれは素晴らしいですよね。

他　故　僕もわりと好きです。

きだて　「自分セーフティ」は確かにあるよね。僕も以前「実はシャーペンの芯って折れないよね」という記事を書いたことがあって。きちんとシャーペンの使い方が分かっていれば、そんなにボキボキ折れるものでもないよねという要旨なんですが。

文具王　でも試験のときに折れるのはちょっと嫌だ、という気持ちは分かる気がする。

古　川　ここぞというときには折れたくない、というね。

文具王　それはちょっと分かる。

古　川　そうなると、保険を買っているのかもしれないですね。

文具王　あと**デルガード**のすごいところは、機構全体の信頼性の高さ。折れる折れない以前に、芯詰まりがしない、壊れない、絶対に書ける、みたいな確かさがある

クルトガ ローレットモデル　三菱鉛筆のシャープペンシル。クルトガに、製図用シャープによく見られるギザギザ加工（ローレット）のアルミグリップを採用したモデル。

ので。

古　川　異常な堅牢さが**デルガード**にはありますね。

きだて　そこまでしなくてもいいよというほどに頑丈。

文具王　店頭に並んでる試し書きサンプルでも不良が起きないって、半端ないですよ。

きだて　他故さんはどうですか？

他　故　今、並行していろいろと使っていますけど、僕の場合はシャープペンシルは絵を描くためのもので、しかもペンを入れる前の下描き用なんですよ。だから字を書くことにはあまり関係がなくて、自分の手で思ったとおりに線が描けるかが重要で。しかも筆圧がだいぶ弱くなってきたので、基本的には芯は折れないんです。となるとシャープ芯が細くて、細かく描けるものがいいので**オレンズネロ**が大好きですね。0・2ミリをよく使います。

きだて　そうなんですね。

他　故　ちなみに「フレフレ機構」(*6)が身体の中に染み込んでしまっているので、描いていて「あっ」となったときに、とっさに振ってしまうのはもう直らないです(笑)。

文具王　それくらい、たたき込まれてるんだ。

他　故　例えば頭の中で**オレンズネロ**を使っていることを意識していればそうならないんですけど、他のシャープペンシルだと振っちゃうんですよ。

***6……フレフレ機構**
ノックしなくても、シャープペンシルを振るだけで芯が出る機能のこと。1978年にパイロットが特許を取得。フレフレ、フレフレロッキー、ドクターグリップ、デルフルなどに組み込まれ、人気となった。

古川　分かる、分かる。
他故　それができないとだいたい「あっ、あっ」となって、あごでノックボタンを押す。あごなんだ（笑）。
文具王　僕はあごで押すという癖があって。
他故　僕は胸で押しています。
文具王　僕はノックのために持ち替えるなぁ。
きだて　僕はしかも、右手で書きながら左手に消しゴムを持って消す派だから。
文具王　忙しいな。
他故　僕は集中力が続かない人間なので、ノック＝小休止なのかもしれません。
きだて　逆に**オレンズネロ**は、休憩させてもらえない。
文具王　芯1本まるまる休憩なしは、つらいかもしれない。
きだて　気分転換したいんだね。
文具王　ひと息つきたいと。
古川　だからツーノックくらいで芯が切れるくらいで休憩というのが、ちょうどいいですよ。ほんの数秒の休憩というのが。
他故　**オレンズネロ**は、持ったときの気持ち良さが抜群にあるんだけど、でもパイプスライド機構を使わないで芯を折らずに書ける自信があるから、**オレンズネロ**なのに0・2ミリをノックして、ちょっと出して書くみたいに使っちゃうんです。**オレンズネロ**は芯出し機構がすごいといわれているけど、僕にとっては、あのボディのバランス感がすごく良くて使っちゃう。

古　川　確かにあれは絶妙ですよね。

この10年でいちばん
重要な文房具はこれだ！

この10年で最も重要な文房具とは？

古川　というわけで駆け足ではありましたが、**カドケシ**から始まり、ある時期を境に爆発し、そして次のサイクルに入ってきたところまでを、10年の歴史としてざっと見てきました。そこでそろそろ当初の趣旨どおり、この10年間で最も重要な……言わばこの10年を象徴する文房具をひとつ決めたいと思います。

一同　はい。

古川　候補をまず5つか6つに絞れますか？

きだて　とりあえず**ジェットストリーム**と**フリクションボール**は絶対に外せないですよね。今回の話の中でも何回も登場してますし。

他故　その2つは確実に候補に挙がってきますよね。

きだて　あと僕としては先ほども言いましたとおり、**フィットカットカーブ**は歴史に残るべき文房具だということをもう一度言っておきたい。これで3つとして、あとはどうですか？

文具王　それまでのシャーペンとはまったく違う発想でつくられて、シャーペンの今の広がりをもたらしたのは**クルトガ**かなという気はします。

古川　僕は日本人の文房具リテラシーを高みに引き上げたという意味で、その影響力に敬意を表して**スタイルフィット**を。

きだて　要は**スタイルフィット、ハイテックCコレト**あたりを含めた多色カスタム系ですね。

古　川　その代表ということで。

きだて　他故さんはどうですか？

他　故　僕としては**キャンパスノート ドット入り罫線**が入るべきだと思います。ノートというものがここから大きく変わったと個人的に考えていて。今までノートというものは、自分が学んだ情報を書き残す広大な空白地だったんですよ。そこを機能的に整地する技術があれば、今までよりもずっと情報を効率よく書いていけるかもしれないよ、ということを教えてくれた製品ということで。

きだて　これまでは罫線というただ単に「道」があるだけのノートが、自分で自由に土地開発して都市計画が立てられるようになった。

文具王　そのノウハウを製品に落とし込んだところがすごいよね。

他　故　しかも、それが現在まで脈々と続いているという意味でも、ノートジャンルの中ではすごく存在が大きい。ただ、ノートという製品の性質上、学習ということと切り離せないので、経験したことがない人にとってはあまりピンとこないかもしれません。

文具王　あと**ｍｔ**とか。これも新しいジャンルをひとつつくってしまった。

他　故　ジャンルでいえば**ｍｔ**は間違いない。

きだて　逆に**ｍｔ**は別ジャンルとしたほうがいいかもしれないくらいです。

文具王　文房具ではない、別ジャンルとして。

古　川　それはそれで、本当に偉大なことなんですけど。

文具王　そこまで大きくなったというね。

古　川　**ジェットストリーム**、**フリクションボール**、**フィットカットカーブ**、**クルトガ**、**スタイルフィット**、**ドット入り罫線**、**mt**。それではご来場の方の中で、これはエントリーさせたほうがいいんじゃないか、というご意見がある人はいらっしゃいますか?

（お客さんのひとりが挙手）

お客さんF　私も他故さんの話を聞くと、**ドット入り罫線**のように、文房具に使い方がインストールされて売られるようになった部分はもっと評価されるべきだと思います。それは付箋もそうですよね。

文具王　そうですね。付箋にもその要素はあるし、**ほぼ日手帳**もそうですね。そこに何かしらの提案がインストールされた状態という。

お客さんF　**フィットカットカーブ**も、切るためのコツが初めから入っていますよね。

古　川　使い方がインストールされているという点では、**ドット入り罫線**ってどう思いますか? あれは当初、東大生が実際に使っていたノートからヒントを得て生まれたという触れ込みでしたが、素のノートを工夫して使うのがいわゆる「東大生的知性」であって、売られているものをハイそうですかとそのまま使うのは、東大生的知性とは真逆な気がするんですが……まあ、余談でした。

文具王　そういう意味でいくと、それよりちょっと前の**コーネルメソッドノート**のほうが、どちらかというとメソッドを入れているという意味では分かりやすいよね。

古　川　他に何か候補はないですか？　やっぱり**ユニボール ファントム**じゃないかという人は（笑）？

きだて　結局、**ユニボール R：E**の話はできませんでしたよね。

他　故　落穂拾いができなかった。

きだて　他に何かありますか？

（お客さんのひとりが挙手）

お客さんG　**ネオクリッツ**。

文具王　**ネオクリッツ**ね。立つペンケース系。

古　川　**ネオクリッツ**もメチャメチャ大きいですよね。

お客さんG　ペン型文房具をけん引しましたよね。

文具王　いろんなものが細長くなったのは**ネオクリッツ**のせいなので。

きだて　そうですね。立つペンケースが登場したおかげで、ペン型はさみとかペン型付箋といった、立たせて置くのが最適ポジションなペン型ツールが多数登場した。この影響力の大きさからしてもノミネートは必然でしょう。

古　川　今、**ジェットストリーム**、**フリクションボール**、**フィットカットカーブ**、**クルトガ**、**スタイルフィット**、**ドット入り罫線**、**ｍｔ**、**ネオクリッツ**の8つが出ました。

文具王　そんなところですかね。

きだて　これ以上出たら収拾つかないですよ。

文具王　あまり出してしまうとね。

きだて　このくらいにしたほうがいいかもですね。

古　川　僕はこの8つは、この10年を代表する文房具だと言って間違いないと思います。

きだて　これ、8つ全部受賞じゃダメなのかね。

文具王　でも、やっぱり決めようよ。

きだて　うーん、決めかねるなぁ。難しいよ。

文具王　とりあえずこの年表が**ジェットストリーム**以前以降で区切られているところからしても、**ジェットストリーム**の影響力は分かると思います。「文房具はどれも同じじゃない」ということを社会に広く知らしめた事績では、**ジェットストリーム**のような気もするんだけど……僕的には**フリクションボール**の存在も大きくて。今日のお客さんの中にも、たぶん**フリクションボール**の登場によって筆記のやり方を変えてしまった人がたくさんいると思うんですよ。それもまた影響は大きい。

きだて　確かに個人個人への影響は大きかったと思うんだけど、でも**フリクションボール**は、文房具業界の中でのフォロワーというか、それ以降の新たな流れを生まなかったんだよね。

文具王　存在が独立している。

きだて　だからそういう意味では、文房具業界やそれを含む社会全体に与えた影響というのは意外と小さいのではないかと。

古　川　実は僕もその意見にちょっと近いんです。決定的にメディアの在り方も含めて変えたという意味では、例えば今の文房具ブームというのが**フリクションボール**単体で起こせただろうかと考えると、無理だったんじゃないかと。

文具王　ブームを起こしたということに関しては、人類の歴史に何らかのインパクトを与えたかという視点で見るか、文房具という業界に与えた影響で見るかというのでだいぶ違ってきますよね。

きだて　今回は「文房具カルチャー」というくくりなので、どちらかというと文房具業界全体の話として考えたほうがいいかもしれないなという気もしてきた。

古　川　参考までに**ジェットストリーム**か**フリクションボール**かを会場でアンケートを取るとどっちになるかというのを、ちょっと聞いてみてもいいですか？

きだて　どっち派ということ？

古　川　はい。

きだて　じゃあ、とりあえず**フリクションボール**と**ジェットストリーム**で聞いてみましょう。どちらかにするなら、というレベルで「自分は**ジェットストリーム**です」という人は挙手をお願いします。

（30人いるお客さんのうち15人の手が挙がる）

古　川　15人です。

きだて　それでは「自分は**フリクションボール**です」という方は？

（30人いるお客さんのうち15人の手が挙がる）

古　川　同数の15人！　真っ二つ！

きだて　すごいなあ（笑）!!

（お客さんの盛大な拍手）

他　故　この票の割れ方そのものが、我々の苦悩を代弁しているよね。

きだて　うーん。さっきは文房具業界全体で……とか格好つけて言ってみたけど、個人的により大きなインパクトを受けたのは**フリクションボール**なんですよ。

他　故　自分も**フリクションボール**。

古　川　僕は**ジェットストリーム**なんですよ。

文具王　僕も**ジェットストリーム**です。

一　同　（笑）

（お客さんの盛大な拍手）

古　川　見事なまでに、2つに割れました。

きだて　お客さんと我々が偶数でやっているという時点で、票決は無理でしたね（笑）。

文具王　うーん、僕は今**ジェットストリーム**と言ったけど、でもどうしても決めきれない。人類の歴史にインパクトを与えたという視点で言うと**フリクションボール**なのかとも思うわけで。僕の1票のうち、0・5は**フリクションボール**かも……でも決めきれない。

きだて　面倒くさい（笑）！

文具王　でも、これは本当に、この2つが同時期に出てしまったというのも重要で。

きだて　そうなんだよね。**フリクションボール**と**ジェットストリーム**が同じ時代に登場して、ユーザーの中に「どっちを使おうか？」という二択が発生したことが、結果的に文房具ブームにつながったような気もするんですよ。小石の波紋が予測不能なほどの変数を生むという、カオス理論みたいな話ですけど。

文具王　文房具全体を通して最もど真ん中にあるボールペンという製品で、それまでのペンの使い方を大きく変えて広げた**ジェットストリーム**もすごいけど、**フリクションボール**は、それまで思いもしなかった「書いて消せる」という使い方をそれ以降当たり前にしてしまったことも大きい気がする。僕はそれなら**フリクションボール**に……。

きだて　でも、文房具全体の幅をこれだけ広げた**ジェットストリーム**の功績を見逃すわけにもいかないんだって！

文具王　真ん中になっちゃうんだね。
古　川　どっちの立場にもなりますよね。
文具王　2つが同時に出てしまったという、この2007年という年が僕らにとってはあまりにも大きすぎる。
きだて　じゃあもう**フリクションボール**と**ジェットストリーム**に……！
古　川　では、僕が今回イベントの監修も務めていますので、監修裁定で、この2つということで皆さんいかがでしょうか？

（お客さんの割れんばかりの拍手！）

古　川　**フリクションボール**と**ジェットストリーム**、この2つが、この10年でいちばん重要な文房具に決定です！
きだて　この2つが生まれた2007年という時代の面白さも含めて、同時受賞。
文具王　確かにそうですね。
古　川　どちらかだけにしてしまうと語り切れていない気もしますし。
他　故　2007年は**フリクションボール**が生まれ、**ジェットストリーム**が普及し、そして「ブング・ジャム」結成の年でもあると。
文具王　いいまとめ方だなぁ！

きだて　この10年でいちばん重要な文房具が、10年前に出てしまっているという意味では、この業界大丈夫かという気もするんですけど（笑）。

古　川　「この10年でいちばん重要な年は」と聞かれたら、間違いなく2007年だということになるんでしょうね。

文具王　というか「この10年で」という話になったのは、そもそも2007年のことがあったからですよね。

きだて　そういうことなんですよね。

古　川　ということで、もともとはきだてさんがひとりで始めた文具イベントが「ブング・ジャム」となり、その「ブング・ジャム」を僕が『タマフル』というラジオの番組で紹介して、それを聴いていた岩崎さんが今度は『すごい文房具』というムックをつくり、そこからテレビやラジオで頻繁に紹介されるようになって、今の文房具ブームが生まれて、という流れになりました。
本当に小さなところから広がっていく様を、僕らは10年間リアルタイムで見続けてきましたし、現場にも居続けたということで、我々がこういうことを記録して残しておかねばという思いで始めた本日の企画でございました。
結論としましては、**ジェットストリーム**と**フリクションボール**、この2つがこの10年でいちばん重要な文房具ということに決めさせていただこうと思います。
というわけで、本日は長時間、本当にありがとうございました！

（お客さんの盛大な拍手）

文房具にとって、とても大きな意味を持つ10年

高畑正幸

思えば人生の大半を、公私ともに文房具にどっぷりとつかって過ごしてきました。学生時代を一文具ファンとして過ごし、文具同人誌を作り、文具ホームページを立ち上げ、『ＴＶチャンピオン』を経て、メーカー社員として文具を作る立場と発信する立場を同時に経験しました。

特にこの10年は、ブング・ジャムを結成したり、店舗での実演販売や雑誌などの表現活動の比重がどんどん大きくなって独立したことをきっかけに、商品開発、各種メディアへの文具紹介、実演販売、店頭企画、トークイベント、筆記具の大規模な人気調査、古い文房具資料の保存活動、そして文具ＷＥＢメディアの編集長や文具漫画の監修に至るまで、およそ文房具に関係していればほとんど何にでも首を突っ込んできました。

本書でも皆で熱く語ったとおり、この10年は、文房具が単に新製品開発競争だけではなく文化として広がっていく、文房具にとって、とても大きな意味を持つ10年であったと思います。その10年に、文具王、そしてブング・ジャムの一員という立場で向き合えたことはとても幸運でした。文具王という肩書きのおかげで、文具を取り巻く世界を中から外から、浅く深く関わりつつ様々な角度で見続けることができ、それをブング・ジャムのトークイベントで定期的に解説することによって、俯瞰したり掘り下げたり。集まっていただいた皆様と共

に、楽しみながら考え、まとめる機会を得たことで、見えてきたことがたくさんあったように思います。

こうして今振り返ると、何年も前のあの日あの時、店頭で手に取って興奮した文房具がこの世界を変えてきたんだなという深い感慨があります。ジェットストリームとフリクションボールが登場してからこの10年、これより前でも後でもなく、今、この本をまとめられたことには大きな意味があったように思います。この10年は文具にとっても、それに関わり続けた自分にとっても本当に重要な10年でした。

そしてすでに、次の時代が訪れようとしています。この会議が行われてから本が出版されるまでのわずかな間に、「活版ＴＯＫＹＯ」「紙博」「文具女子博」など、ユーザー参加型のイベントが立て続けに開催され、どれも大盛況となりました。特徴的なのは、展示のメインとなっているのが素敵な紙製品で、来場者のほとんどが女性という状況。これまで私たちが体験してきた流れとは、また違った動きがすでに始まりつつあるように思います。

次の10年は、文房具にとってどんな時代になるのでしょうか？　大きな変化が起こるのは間違いないと思います。もしかしたら、今私たちが持っている「文房具」という概念がすでに過去のものとなってしまっているかもしれませんが、人は必ず思考し、創造し、記録し、誰かに伝えるために、「文房具的な何か」を手にしているに違いありません。願わくば次の10年もその変化に関わりながらじかに見続け、皆さまと共に考え、楽しんでいきたいなと思います。

変わったのは、文房具よりも我々の環境

きだて たく

話し終わって改めて感じたのは、やっぱりこの10年間というのは、文房具の歴史において本当に驚くほど重要で、変化の大きな10年だった、ということ。

いや、文房具自体はなんだかんだで昔からぼちぼちと進化をし続けていたんだけど、それよりも文房具を使っている我々の環境が、この10年でガラリと変わったようなんです。身近な生活用品すぎて蔑ろにされてきた文房具が、10年の間にメディアで注目され、ユーザーがいろんな角度から楽しむ方法を発見し、それをSNSで共有拡散し続けることで、ついには「趣味は文房具です」という発言が社会的に許容されるまでになったわけで。こんなの、おそらく有史以来現代まで通して初めての事態じゃないでしょうか。

本文中では恥ずかしくて言及しなかったけど、僕が2001年に初めて大阪で開催した色物文房具トークイベント（P48参照）は、来場者数が3人でした。

ものすごくはりきって面白い文房具を厳選して、お客さんに「色物文房具とは何か」を説明するためのレジュメも30部ぐらい刷って、「よーし今日はたっぷり語るぞー」なんて鼻息荒く準備して。で、来てくれたのが3人。

お客さんたちが「文房具のトークイベントって最初は意味分からへんかったけど、でも思っ

てたより面白かったわ」と言ってくれたのは嬉しかったけど、レジュメの残りは帰り道に会場近くのコンビニのゴミ箱にごそっとまとめて捨てました。

今でも大阪に来ると件のコンビニの近くを通ることもあるんだけど、まだ毎回ちょっと動悸が激しくなります。


それから数年経った2007年、僕ら3人で開催した第1回のブングジャムトークイベントだって、50人を集めるのが精いっぱい。それでも「わー、文房具好きな人が50人も来てくれたぞ!」と打ち上げで快哉を叫んだものです。当時は今ほど文房具が趣味として認められてなかったことを思えば、十分にすごいことだったし。

正直、あの頃の自分に「おまえ、10年後には文房具ライターとしてメシ食ってて、文房具の歴史を偉そうに語る本とか出すぞ」と言ったって、絶対に信じなかったはず。だって10年前の僕は、理解はされないだろうけど、文房具を趣味として一生楽しめればいいな……ぐらいの思いで日々暮らしていたから。まさかその趣味が社会的に認知されて、それなりに生活していけるようになるなんて、誰が思う?

今は、さらに10年後の自分がタイムトラベルしてきて「おまえ、10年後には世界の文房具流通を闇から牛耳ってて総資産1000兆円だぞ」と言いに来てくれるのを待ってるところです。

次の10年、文房具とそれを取り巻く環境がどう変わっていくのか。すごく楽しみです。

佳き友、ライバル、人生の指針、ブング・ジャム

他故壁氏

皆さま、まいど。他故壁氏でございます。

このたびは『この10年でいちばん重要な文房具はこれだ決定会議』をお手に取っていただき、誠にありがとうございます。

この本に書かれていることは、文房具業界にとっても大変貴重で有意義な資料になり得るものだと思います。その大切な会議の場に参加できたことを、心より感謝しております。


10年前といいますと、ちょうどわれわれブング・ジャムが結成された年でもあります。

もしきだて氏が上京して来ていなかったら、もし文具王がその気にならなかったら――私はここにいなかったことになります。

文房具好きであることを自覚しながらも、それを共有できる友人は周囲にいませんでした。

そして社会人として遍歴を重ねるにつれ、仕事での文房具使用率は減り、プライベートでも学生時代には遠く及ばず――迷いが出ていた時期でもありました。

ブング・ジャムがなかったら、私個人の文房具ブームもなかったかもしれません。

逆に言えば、ブング・ジャムがあったからこそ、自分の中にある文房具好きと向き合い、そしてそれを開花させることができたのだと思います。

佳き友、佳きライバル、そして佳き人生の指針。それがブング・ジャムだったのです。

今回、この本を編むに当たって開催されたトークライブで、私は再度確信しました。

私は文房具が好きなのだ、と。

そしてみんなも、文房具が好きなのだ、と。

この10年で、胸を張って「文房具が好きだ」と言える人が増えたことは、実に喜ばしいことです。

そしてこの10年で、素晴らしい文房具がたくさん生まれ、使われてきました。それもまたたいへん嬉しいことです。

たかが道具ではありますが、されど道具です。みんながそれぞれの立場で文房具を使い、それについて語り合ったり、良さを伝えたり、自ら新しい文房具を考えたりする。そして文房具を使って生み出されたものによって、社会が、人生が、より豊かなものに変化していく。

私たちも、皆さまと一緒に、これからも文房具を使い、文房具と共に歩んでまいります。

作る人、売る人、使う人。三者が同様に幸せになり、今後も文房具が発展していくことを願ってやみません。

重ねまして、本書をお手に取っていただいたあなたに、最大の感謝を。

ありがとうございました。

文房具ブームに欠けていた最後のピース

古川 耕

本書をつくったきっかけは、ある不満からでした。

この10年の文房具シーンを見ていて、文房具を紹介するメディアが次々増えていったのを喜びつつも、それが常に新商品や便利な製品ばかりが対象ということに、次第に物足りなさを感じるようになっていったのです。私自身、幾度も雑誌やラジオで文房具の紹介をしてきましたが、それを繰り返しているうちにやがて、文房具も自分も、ただ消費されていくだけなのでは、という不安が首をもたげてきました。文房具を紹介すること自体が悪いわけではありません。ただ、その文房具の「解釈」や歴史的位置づけが置き去りのまま、つまり、目の前にその時々に旬(しゅん)な文房具が右から左へ流れていくだけでは、いつまでたっても文房具は消費物の域を出ないと思ったのです。

もちろん、文房具は単なる道具であり、消費物です。しかし、決してそれだけにとどまらない多層性も持っています。時に使い手さえ思っていなかったような思考やイメージを引き出す依り代(よりしろ)であったり、低価格で品質を競う資本主義経済社会の突端であったり、また、デジタルガジェットに置き換えられつつあるアナログ文化の象徴であったりもします。同好の士を繋げるコミュニケーションツールという側面もあるでしょう。こうした重層的な広がりを持つ文房具が、ひとつの「文化」として確立するか否かは、批評の有無にかかっているといつしか考えるようになりました。

例えば今、目の前にひとつの文房具があったとします。

それはどのような歴史を経て生まれたものなのか。これまでの文房具に比べて、どこがどう新しくて便利になったのか？　これを読み解くには文房具の「縦糸」――すなわち文房具の〈過去〉に関する正しい認識が必要です。と同時に、〈現在〉の文房具界を見渡した上で、その文房具が他の類似品とどう違っているのか（あるいは同じなのか）をちゃんと説明できなければなりません。これが言わば、文房具の「横糸」。この糸を手繰るには文房具の確かな知識と、更新され続ける最新事情に通じている必要があります。

こうして張り巡らされた「縦糸」と「横糸」の網目に自在に点を穿ち、それぞれの文房具を配置すること。さらには、その点と点を結んだ線で、星座を描くようにひとつの「絵図」を完成させること。言い換えれば、それ単体としては意味を持たないただの道具に、ひとつの視点を被せ、意味のあるストーリーを紡ぎ出すこと。これを私は批評と呼び、また、本書が行っていることの正体でもあります。

こうした批評は、常に議論を呼び起こしながら、文房具とは何かという問いを人々に投げかけます。また、物語化された言説は、時に道具そのものよりも遥か遠くに届きます。国や文化圏を跨ぎ、時代までも超え、いまだ生まれぬ未来の文房具ファンと繋がっていきます。

批評の意義はまさにそこにあると言ってもいいのです。

何も小難しくて堅苦しい言葉が必要だと論ずるわけではありません。むしろ、それをエンターテインメントの形で世に提示してきたのが、誰あろうブング・ジャムです。トークイベントでは毎回、膨大なスライドをもとに3時間ほぼノンストップで喋り倒しています。ボケとツッコミを重ねて笑いを積み上げながら、突如、引くほどマニアックな解説を始めたりもします（文具王の「文房具分解芸」は一見の価値あり）。また、3人それぞれが文章も書け、イラストやデザインも手がけるという高性能ぶり。言うまでもなく知識と愛情は（私の知る限り）この国最高峰レベルであり、何より、それを人に伝えること、自分たちが楽しむことに全力を尽くしています。

彼らは時おり、イベントや雑誌の企画で、あるテーマに基づいて古今東西の文房具をセレクトして語ることがあります。私に言わせればこれは立派な批評行為です。紹介すべき製品が先にあるのではなく、あくまで紹介者の視点が優位にあり、その下にモノがある、という序列。語り／語り手の魅力が情報性を上回っている状態であり、それを楽しみにしている人たちも大勢いる。こうしたコミュニティの存在がカルチャーの礎（いしずえ）となります。これを記録しておくことが私の役目であり、本書のような「歴史書」こそ、この10年間の文房具ブームに欠けていた最後のピースだと思っています。

「すべてのジャンルはマニアが潰す」という言葉がありますが、私はこの考え方に与しません。マニア＝排他的な存在ということではありません。信頼に足る見識を持ち、それを外の世界に向けて分かりやすく伝えるプレゼンターがいれば、そのジャンルは末永く豊かに栄えていくでしょう。ブング・ジャムの活動から文房具の世界に魅せられた者として、心底そう信じています、もしあなたが本書を読んで今までよりもっと文房具のことを好きになってくれれば、それはきっとこの先10年にも繋がっていくはずです。

当日、会場に来ていただいたお客さん、ムック『グッとくる文房具』編集長の岩崎 多さん、本書の編集担当・スモール出版の中村孝司さん、装丁の芥 陽子さんとイラストのとんぼせんせい、文房具メーカーの方々と多くの文房具ファンたち、ラジオ関係者の皆とライムスター宇多丸さん、そしてブング・ジャムの3人――〝文具王〟高畑正幸さん、きだて たくさん、他故壁氏さん。ありがとうございました。

ブング・ジャム
“文具王” 高畑正幸・きだて たく・他故壁氏の 3 人からなる文房具トーク・ユニット。
結成は 2007 年。2007 年に文房具のトークライブ「セタガヤ・ブングジャム #1」を開催。以降も会場を変えながら、大人気のシリーズイベントとなる。
TV・雑誌・ラジオや WEB などメディアにも多数出演。ブング・ジャム名義の著書に『筆箱採集帳　増補・新装版』（廣済堂出版）、Kindle 版電子書籍『ブング・ジャムの文具放談』シリーズ（ステイショナー）などがある。

高畑正幸（たかばたけ・まさゆき）
1974 年生まれ。文房具ライター。『TV チャンピオン』（テレビ東京系）の「全国文房具通選手権」に出場し、3 連続優勝を達成。“ 文具王 ” の座につく。商品企画、講演、実演販売、執筆などで活動中。
著書に『究極の文房具カタログ』（河出書房新社）、『究極の文房具ハックー身近な道具とデジタルツールで仕事力を上げる』（河出書房新社）、『文具王 高畑正幸の最強アイテム完全批評』（日経 BP 社）などがある。
「B-LABO」　http://bungu-o.com

きだて たく
1973 年生まれ。ライター・デザイナー・色物文具愛好家。「色物文具 = イロブン」の第一人者であり、サイト「イロブン」主宰。雑誌、WEB などで文房具ライターとして活躍。「駄目な文房具ナイト」をはじめ、文具イベントなども主催。
著書に『日本懐かし文房具大全』（辰巳出版）、『愛しき駄文具』（飛鳥新社）、『イロブン 色物文具マニアックス』（ロコモーションパブリッシング）などがある。
「イロブン」　http://www.irobun.com

他故壁氏（たこ・かべうじ）
1966 年生まれ。文房具ユーザー。膨大な商品知識を持つ、実践派文房具マニア。
「たこぶろぐ」　http://powertac.blog.shinobi.jp

古川 耕（ふるかわ・こう）
1973 年生まれ。ライター・編集者・構成作家。『アフター 6 ジャンクション』『ライムスター宇多丸のウィークエンド・シャッフル』『ジェーン・スー 生活は踊る』（共に TBS ラジオ）などの構成を担当。共著に『ブラスト公論 増補文庫版』（徳間書店）。連載は学研 GetNavi「文房具でモテるための 100 の方法」、森市文具概論サイト内「文房具キャスティング」、世界睡眠会議サイト内「入眠調査室」など。「OKB48（お気に入りボールペン 48）総選挙」も主催。

DIALOGUE BOOKS

DIALOGUE BOOKS（ダイアローグ・ブックス）は、本書のために開催された講義・対談を書籍化するシリーズです。

講義や対談をする人の声や熱量を、会場という限られた空間からより多くの人たちに素速く届けたいという想いから生まれました。
「DIALOGUE（ダイアローグ）」とは「対話」という意味です。講義中の出演者とお客さんとの「対話」、出演者同士の「対話」はもちろん、現場の空気感やライブ感などもすべてが「対話」です。そしてこの本自体が、本書を手にとってくれた皆さんとの「対話」でもあります。

少人数での語らいが時空を超え、より大きな「対話」へと繋がっていく。その積み重ねこそが新たな未来を創っていくと、わたしたちは信じています。
本でもありライブでもある、少し変わった新しいスタイルの本シリーズをどうぞお楽しみ下さい。

DIALOGUE BOOKS

この10年でいちばん重要な文房具はこれだ決定会議

発行日　2018年3月2日　第1刷発行

著　者　ブング・ジャム+古川 耕

企画・編集　古川 耕、きだて たく、中村孝司（スモールライト）
装　丁　芥 陽子
イラスト　とんぼせんせい
編集協力　室井順子+三浦修一（スモールライト）
校　正　芳賀惠子
営　業　藤井敏之（スモールライト）
協　力　岩崎 多

SPECIAL THANKS　アーネスト、アピカ、エムディーエス（モレスキン）、オート、オルファ、カール事務器、学研ステイフル、カモ井加工紙、北星鉛筆、キングジム、呉竹、コクヨ、サクラクレパス、サンスター文具、シヤチハタ、ゼブラ、デザインフィル トラベラーズカンパニー、トンボ鉛筆、ナカバヤシ、ニチバン、パーカー：ニューウェル・ラバーメイド・ジャパン、パイロットコーポレーション、林刃物、ハリマウス、ヒノデワシ、Filofax、不易糊工業、プラス、プラチナ万年筆、平和堂、ぺんてる、ほぼ日、マックス、マルマン、三菱鉛筆、リヒトラブ、レイメイ藤井、ロフト

発行者　中村孝司
発行所　スモール出版
〒164-0003 東京都中野区東中野1-57-8　辻沢ビル地下1階
株式会社スモールライト
電 話　03-5338-2360　FAX　03-5338-2361
e-mail　books@small-light.com
URL　http://www.small-light.com/books/
振 替　00120-3-392156

印刷・製本　中央精版印刷株式会社

定価はカバーに表示してあります。
乱丁・落丁（本の頁の抜け落ちや順序の間違い）の場合は、小社販売宛にお送りください。送料は小社負担でお取り替えいたします。

Printed in Japan　ISBN978-4-905158-52-3